成长也是一种美好

如果你突然陷入迷茫，
这个时候你应该恭喜自己。

因为这才是人生的开始，
是你开始拿回决定权、重新定义自己的时刻。

请你重新思考，你是谁，你要过怎样的人生，
你为什么而活。

你无须急着去回答、去解决，
并再一次进入别人的评判体系。

相反，这意味着，你在一个更自由的世界里了。

有些人只要歇下来就觉得是在浪费时间，
会不断敦促自己努力前进。

这样的人也许会活得很累。

我想说，其实爱自己，
不是对自己提很多要求，
而是对自己好。

允许自己浪费时间，活得更松弛。

如何不被别人的喜恶

控制自己的生活，

是我们终身的课题。

问自己一个问题吧。

别人是否认同你，究竟是你的事情，还是别人的

事情？究竟是取决于你，还是取决于他？

如果你认为取决于他，那么你不需要为此心烦伤

神，也无须讨好，因为这和你无关，是别人的事情。

但如果你认为取决于你，并且不能接受别人的不

认同，那么你会活得很累。你会很在意他人的看

法，很努力地做很多的事情。

如何在想爱的时候就可以去爱？　　如何在想恨的时候就可以去恨？

在爱之后不担心因被辜负而受伤？　　在恨之后不担心因愤怒而使关系破裂？

想要把这一切爱恨情仇都装载在一段关系里，你需要拥有一种能力，

让你可以面对真实的彼此，面对自己的美与丑、善与恶，

而不是将所有的"坏"扔给对方，自己只保留"好"的部分。

当你看见真实的对方和自己时，

你不再期盼完美，那才是最终的安全。

不如努力
爱自己

周小宽 著

人民邮电出版社

北京

图书在版编目（CIP）数据

不如努力爱自己 / 周小宽著 . -- 北京：人民邮电
出版社，2024.7
ISBN 978-7-115-64262-2

Ⅰ. ①不⋯ Ⅱ. ①周⋯ Ⅲ. ①心理学－通俗读物
Ⅳ. ① B84-49

中国国家版本馆 CIP 数据核字（2024）第 078630 号

◆ 著　周小宽
责任编辑　杨汝娜
责任印制　周昇亮
◆ 人民邮电出版社出版发行　北京市丰台区成寿寺路 11 号
邮编 100164　电子邮件 315@ptpress.com.cn
网址 https://www.ptpress.com.cn
河北京平诚乾印刷有限公司印刷
◆ 开本：880×1230　1/32　　　　　　彩插：4
印张：8.125　　　　　　　　　　　2024 年 7 月第 1 版
字数：128 千字　　　　　　　　　　2024 年 7 月河北第 1 次印刷

定　价：59.80 元

读者服务热线：（010）67630125　印装质量热线：（010）81055316
反盗版热线：（010）81055315
广告经营许可证：京东市监广登字 20170147号

目 录

CONTENTS

第一部分
允许自己做不到

拥抱完整的自己，
而不是永远都在拒绝负面的那一部分的自己。

STEP
01

相信我，你不完美的样子也很好

1

讲个真实的故事。

　　有个姑娘，从很年轻的时候就开始失眠。她尝试了很多方法，使用助眠药物或者仪器都没什么用，于是她开始接受心理治疗。

　　她去见咨询师，想知道自己失眠的原因到底是什么。咨询师对她说，你先画一棵树吧。

　　于是，她就在白纸上画了一棵树。

　　咨询师让她描述这棵树："你觉得这是一棵怎样的树？"

　　她说："这是那棵启发了牛顿的苹果树。"

咨询师说："这只是一棵树，你为什么要赋予它那么强的使命感？"

2

当你失眠、焦虑、抑郁；对自己不满、负能量爆棚；觉得生活无力、无趣、无意义时，你可以对自己重复这句话："这只是一棵树，你为什么要赋予它那么强的使命感？"

北京大学睡眠医学专家孙伟教授在《失眠疗愈》这本书里，谈起了失眠者的共性，比如他们有着极强的控制欲，压力来源大多和"完美主义倾向"有关。

实际上，这种"追求完美""不允许自己有瑕疵""不允许问题不解决"的思维会持续消耗我们的心理能量，让我们处于非常糟糕且低落的情绪中——

因为要完美，所以会时时评判自我；因为不完美，所以会时时攻击自我。

3

一位朋友最近失眠严重，我和她说起文章开头的那个故事，她问我："这句话就像是我自己说的，但我为什么会有'非要做启发牛顿的那棵苹果树'的想法呢？"

我说："也许这和你父母的自恋有关。"

如果父母的人格发展得不健全，停滞在较为偏执且分裂的状态，即一方面有强烈的低价值感，另一方面又有近乎病态的自恋，因此，他们会认为自己的孩子应该非常完美。产生这种想法的原因很简单，就是父母潜意识里认为自己很完美，只是由于种种原因才未能超越所有人，于是他们认为"既然我不是一般人，那我的孩子就一定不能是一般人"。

这类父母和孩子共生，他们没有发展出将孩子当作独立个体的心智。如果孩子在学业、工作、婚姻、待人接物等方面落后于人，就会导致这类父母"自恋幻灭"，即打破了他们"我很完美"的自恋幻想。

很多父母对孩子大吼大叫，严厉地责罚孩子，其实并非孩子犯了多大的错误，而是孩子的"不完美"硬生生地将父母从"我很优秀，我独一无二"的幻想层面拉到了现实层面，自恋的父母因此产生了"自恋性暴怒"。

父母的自恋，让他们对孩子有一种近乎完美的期待。这种期待深植在他们的潜意识中，不断透过各种行为、情绪、表达展现出来，并影响孩子。因此，在漫长的岁月中，父母的思想潜移默化地塑造了孩子的人格和自我认知。

父母的自恋，在孩子的内心种下了一颗种子——"我必须完美""我必须超越所有人""我必须解决问题"。

在这样的背景下，当孩子长大后遇到了生活的种种不易和控制不了的挫败时，就会长时间处于极强的心理压力下，离崩溃只有一步之遥。这是因为他并没有机会建立一个客观真实的自我认知——我们都是普通人，有能做到的事和不能做到的事，会成功也会失败。我们需要接受自己做不到的、解决不了的、不完美的部分。

4

我有一位朋友，虽然她小时候考试常常考第一名，但只要犯了一点小错，她妈妈就会不分场合地打她。长大一些后，她妈妈倒是顾及她的面子了，在外面如果想要打她，就会把她拎到厕所里又打又掐。

有一天她找到我，说自己连续失眠好几天了，太痛苦了。但是，这还不是最痛苦的，最折磨她的是自责。

"我的脑海里不断盘旋着一句话：你为什么会失眠呢？"

我说："其实你是不是想说，为什么连睡觉这样简单的事情自己都做不到，究竟为什么会犯这种错误呢？"

她说："是的，就是这句话。"

其实这句话就是当年妈妈打她的时候总对她说的话。

我想说的是，人怎么可能什么都能做到？怎么可能不犯错？

这是基于"真实的人"这个生物体，基于复杂且有弱点的人性，基于我们的潜意识，基于遗传、家族代际关系得出的显而易见的结论。

然而，在极度自恋的父母那里，孩子当然不能犯错。接受孩子犯错和做不到就破坏了他们的自恋，那是他们非常抗拒的一种感受。

同时，还存在一种"不可以犯错"的原因，就是这种父母没有接纳"失控"的能力，他们认为一切都必须在自己的掌控中。

　　孩子犯错，和自恋的父母的预期不一致，这种行为打破了他们的自恋，给他们带来了一种让自己恐惧的失控感。他们没有足够的力量接受自己是普通人这个事实，因此引发了下面一系列结果。

　　家族代际关系紧张、糟糕的原生家庭→不健全的人格→极度自恋、控制欲强→害怕失控的感觉→不能犯任何错误，不能接受和预期不一致的事情→把对自己的严苛复制到孩子身上。

　　这进入了一种从父母到孩子的代际传递。

　　对我的朋友来说，因为失眠，所以她体验到了"自己实在太没用了，太糟糕了"的感觉。小时候她犯了错，妈妈不会接纳她的错误，也没有给她一个允许自己"犯错和做不到"的空间。渐渐地，妈妈的苛刻被她内化到了自己心中。当她失眠时，"我连睡觉这件小事都做不好"的压力和自责重重地压在了她的身上。而对于失眠的紧张、害怕和极度在意，让她更不能放松。她越是想控制睡眠，就越是无法入睡。这样循环往复，她的失眠越来越严重。

我想说的是，如果想改善失眠的情况，就必须放下一切压力，锻炼允许自己做不到和犯错的能力。

5

如何爱自己？其中有一项重要内容，就是要对自己宽厚包容。接纳自己，坦然面对失眠这件事，也是爱自己的表现。

如果她能接纳自己的失眠，我想她的失眠也许会慢慢好转。

一位来访者跟我说："失眠时的后半夜听见鸟叫，我就知道天要亮了。这时的我越来越焦虑，而我也知道，越焦虑我就越睡不着。我对焦虑的自己很愤怒，我讨厌焦虑得停不下来的自己。"

我说："你首先要做的不是强迫自己赶紧睡着，而是练习接纳自己的焦虑。当焦虑到停不下来的时候，你肯定是睡不着的。你不如试着放松，不再去焦虑失眠这件事，慢慢接纳自己的焦虑，情况也许会好很多。"

接纳自己，包括接纳睡不着的自己，以及无法停止焦虑的自己。

放过自己，去创造空间来装载生活中的不如意和不受控。如果你不放过自己，而是固执地要将每一件事做好，固执地不接受自己和他人的不受控，那么你将会和生活中处处存在的无常相撞，直到伤痕累累。

你只是一棵普通的树，和这世界上无数的树一样；但你又是如此独特，你的每一片树叶都不会和他人的相同。

你是如此，我是如此，他也是如此。试着接纳自己的普通，也接纳自己的独特。下一夜，接纳自己，即使是在你睡不着的时候。

STEP

02

如何做一个耐受力强的人

1

本篇想和大家谈谈耐受力。

如果简单地将人按照耐受力的强弱分为 2 类，我们会发现，耐受力强的人很少焦虑和抑郁，他们的情绪相对稳定。耐受力弱的人则常常处于焦虑的状态里，想要控制每一件事情，无法松弛下来，然后把自己搞得很辛苦，甚至让关系里的其他人也很辛苦。这类人的情绪常常受周围环境的影响。有时候哪怕环境的变化很小，也会引起他们剧烈的情绪波动。

为什么会这样呢？我所说的耐受力，又究竟指耐受什么呢？

这里说的耐受力是指耐受负面的事情和那些期待之外的无常事件的能力。

生活本来就是无常的，一个人即使再警惕、再焦虑，费尽心思想要控制一切，也同样要面对脱离控制的事情。想要走出焦虑，重要的不是提前预想并防范一切问题的发生，而是提高自己的耐受力。

2

很多耐受力弱的人并不是对负面事件没有耐受能力，而是不愿意去耐受。他们的内心会有"凭什么这件糟糕的事情要发生在我身上"或"这件糟糕的事情能不能发生在别人身上呢"等想法。

有这种想法就表示这个人正处于自恋的心理状态。在他的内心里，他对自己以及自己周围事情的要求，都是"不能出任何问题"，或者至少是在意的人和事情不要出问题。

即使他们知道生活是高低起伏、祸福相倚的，人生是无常的、不那么可控的，内心也会固执地相信"坏的事情只会发生在别人身上，不会也不可以发生在我身上"。

于是就出现了如下局面。

A.如果我放下焦虑和控制欲，就必须接受我的生活里会有糟糕的事情发生，一旦糟糕的事情变成了现实，就会击垮我的自恋（幻想）。

B. 拼命去焦虑并因为焦虑而提前采取很多周密的防范措施，这样我的生活里就不会发生破坏我自恋的坏事，自恋（幻想）就安全了。

耐受力弱、焦虑、控制欲和极度自恋，这些其实常常同时出现。

我有个表姑常常去医院，总觉得自己生了严重的病，要求医生给她做检查。她来来回回跑了几十趟医院。最后，除了本来就有的一些老年病，医生并没有做出新的诊断。

她对身体的一点点异样，没有任何耐受力，试图通过"不断去医院、看医生、做检查"这种努力，将自己的身体健康牢牢控制在自己手中。

这样一来，生病的概率或许降低了，但是有些疾病难以防范，我们没办法控制，需要我们做好接受疾病的准备。我表姑这样耐受力弱，或者说不愿意去耐受的人，如果自己不得不去耐受身体的问题，当这些问题无法马上解决时，她的自恋幻想就破灭了。

如果"我不同一般"的自恋幻想破灭了，而自己又没有成长到可以接受自己是一个普通人的阶段，那么这个人就会迷失方向。

很多人都在拼命努力维护自己的自恋幻想，甚至几乎花费所有精力来做一件事——防止所有坏事情发生，而自己对这样做的原因却不自知。

有的人已经筋疲力尽，却还焦虑地持续控制自己生活中的方方面面，这是因为有太多的事情让他无法耐受，比如孩子不写作业；领导对自己有看法和意见；自己努力做的项目结果不尽如人意；应该抓住的机会却没有抓住……有的人甚至连关系中别人的一点儿负面想法都无法耐受。

我们想生活顺遂美满，家人健康平安，这有错吗？

当然没错。但是，我们必须知道，生活中不发生任何不好的事情，家人永远健康，事情总是很顺利，这是不可能的。无论你的愿望有多么真诚，你的控制涉及多少领域，你的焦虑以及高超的能力帮助你提前识别了多少隐患，力挽狂澜多少次，生活中不发生任何不好的事情都是不可能的。

我们需要做的是勇敢面对自己的自恋幻想被打破这件事，去尝试接受"有些坏事就是会发生，我无力改变"这种感觉。

这就是提高耐受力的方法。

3

"人生实苦"，年轻的时候我不太喜欢这个短语，觉得说这个短语的人一定过于悲观，不够努力。但现在看来，我觉得这个短语并不代表着悲观。

认识到人生本来就是有苦的部分，我们就不会在苦与乐上有那么多的得失心。此刻快乐便快乐，此刻苦闷便苦闷，不过多定义和比较这些感觉，也不纠结于昨天的快乐和今天的愁苦。

不过，人生虽然有苦，但我们还是可以在苦中洒脱。苦过去了，又会有其他的滋味，也许尝到的就是乐了。而如果你接受不了人生的苦，没有耐受苦的意愿，固执地不愿意打破自己的自恋幻想，就必须为了达成那些令你快乐的目标而如履薄冰；为了防范所有可能带来苦的事件而保持紧绷；为了任何一个你犯的错误而久久无法原谅自己；无法接受他人不按你的要求去做好每一件事情，因为你觉得自己已经规划得足够完美，还对他人付出了很多……

这样看来，为了不苦而努力的人生，无法耐受苦的人生，才是始终在苦中煎熬的人生啊。

STEP
03

放下"既要又要"，接纳"做不到"

1

人对生活有一些基本的愿望和要求，但有时这些愿望和要求或许会将我们置于很痛苦的境地。因为这些愿望和要求本身是矛盾的，也就是"既要又要"。

"既要又要"所产生的矛盾，在我们的内心渐渐形成了冲突，而内心冲突正是不断耗损我们内心能量，搅动我们心神，扰乱我们情绪的根源。

举个非常常见的例子。

很多妈妈都希望孩子能够快乐地成长，成为一个快乐的人。但是，当妈妈在教育孩子的时候，往往既焦虑又严厉，这样一来，她和孩子之间的关系和氛围都会出现一些问题。

妈妈会感受到"既要又要"带来的痛苦。一方面她是真的希望孩子能够快乐玩耍；但另一方面，她也真的害怕看到孩子只顾着玩，不学习，因为她会替孩子想得更长远。

面对"既要又要"带来的内心冲突，我们如何才能活得更轻松一些？如何才能活得更真实？

2

什么叫作"活得更真实"？

其中包含了一个很重要的部分，就是要去觉察我们追求的究竟是什么。因为很多人追求的东西是理想化的，在现实中并不存在。

活得更真实就是能够在现实中检验自己所追求的究竟是否只是一种完美的幻想。

"追求完美"并不是一个特别好的词，我们需要意识到，在自己追求的东西和特别想要达成的目标之间，可能存在非常矛盾的点和不可能统一的标准。我们没有办法找到一个完美的解决方案，能够解决矛盾，统一标准，这是我们需要面对的生活的真实。

一个妈妈既希望自己的孩子能够快乐地成长，又需要对孩子的学习进行严厉监督，甚至给孩子比较大的压力。虽然其中蕴含着妈妈的爱，但我们仍要看到其中存在的矛盾，需要看到在这个矛盾中无法两全其美的那一部分。我们能不能接受这些呢？当不管怎么努力都找不到一个完美的、平衡的解决方案时，我们又该如何面对呢？

我想，如果我们能够去看见和面对，那就是一种自我成长。

自我成长并不是指我们强大到拥有了解决所有问题的能力，而是指我们能够拥有接纳"很多事情其实是解决不了的"能力。

3

如果看到这里，你意识到了生活中的一些愿望虽然很美好，但彼此之间是矛盾的，并知道应该放弃 B 选择 A，或者放弃 A 选择 B。那么，祝贺你，你面对的问题不再是一个问题了。

不过，那些矛盾的部分之所以会带给我们痛苦，是因为我们真的很想"既做到 A 又做到 B"。

那么，我给大家的建议是，既然我们意识到很多时候 A 和 B 是对立的，没有办法完美地同时做到，那么不妨将要求降低一些："反正我在这件事情上得不到 100 分，多扣一点分又有什么关系呢？"

当我们这样想的时候，内在的"超我"部分对自我的要求就会放松很多。我们在满足自己美好愿望的路上，就不会走得那么累了。

如果一个妈妈能够意识到在面对孩子这个自己最珍爱的人时，内心产生的愿望是如此美好而又矛盾的，那么她也许就能在教育孩子这件事上让自己稍微放松一些了。

最后我想说的是，"既要又要"所产生的痛苦在于，如果我们一直没有觉察，就会一直想寻求完美地解决矛盾的方法，我们会在这条路上不断打转，永远到不了终点。而当我们意识到这个矛盾依靠我们的能力无法解决时，很快就不会再去追求 100 分了。

放下想要的总是很难。

虽然我们仍然会走在"既要又要"的路上，尽可能追寻完美。但我想，当你明白你在做什么，也明白为何努力了也做不到之后，你会放下执念，前进的步伐也就轻松很多。

因为我们的内心有了一个空间，去容纳自己的做不到。

不那么偏执，会让我们活得更平静

1

接触心理学的时间越久，我就越能理解"顺其自然"这个词的意义。

年少时我特别讨厌这个词，觉得顺其自然就是还没奋斗过就举手投降，是逃避努力的借口。现在我发现，自己一直误解了这个词的意思。

"顺其自然"其实是在说，我们不应该那么骄傲，不能骄傲到以为自己可以操控所有事，以为自己只要努力就能得偿所愿；不要以为自己之所以还没有实现目标只是因为努力的方法不对或者时机未到。

很多人的痛苦都源于这种"天然的骄傲"。

在精神分析里，这种天然的骄傲叫作"全能自恋"或"婴儿的无所不能感"。

心理学家梅兰妮·克莱因提出的观点是，这种天然的骄傲是一种偏执。这不是我们常说的偏执型人格障碍，而是指内在人格的偏执状态。

举个例子，一个婴儿觉得自己无所不能：我还没哭，妈妈就来哄我了，于是我认为我是可以操控这个世界的，我是无所不能的，并认为自己是一个 100 分的好婴儿，妈妈也是一个 100 分的好妈妈。这就是婴儿的偏执幻想。

你有没有觉得这种偏执幻想和"天然的骄傲"很像？

我们离开妈妈的怀抱时，可能还怀有自己无所不能的幻想。但是，我们不能只靠着这个幻想生活。幻想或早或晚都会被现实击破。

人们需要掌控感，如果完全不清楚"我是谁""我能做什么""我此刻拥有什么""我明天会怎样"，那么我们将很难继续生活下去。因此，我们要确定"我是谁""我和世界的关系""我的位置""我是被一些人爱着的""我可以做什么""我做得到什么""我的明天是什么样的"……

但是，婴儿的偏执幻想不只是掌控当下，还是要掌控全部、掌控未知。为什么呢？因为婴儿是偏执的，而不是整合的。

"我要求的事情，一定要这样做！"如果事情没有完全按他所想的被他掌控，那么他马上就会陷入失控感。思想偏执的人想法非常极端，他要么偏执地觉得自己是一个全能婴儿，是一个100分的宝宝，有一个完美的好妈妈；要么就跌入另一个极端——认为自己是一个极度糟糕的存在，是一个被人抛弃的孩子，有一个坏妈妈。

因此，当"事情和我所想要掌控的不一样，不以我的意志为转移"时，如果一个人体验到了失控感、强烈的自我否定和极度的愤怒，那么可以说，他的心智水平仍然处于婴儿阶段。在很多事情上，他都觉得必须这样做，设定了目标就必须达成，他接受不了无法完成目标和没有达到预设标准的结局。不管是对自己还是对他人，他都要掌控，既不允许差异性的存在，也不想理解自己和他人的差异性，这样的人可以说是，"骄傲的人类活在了婴儿般无所不能的掌控感里"。

在这里我要说明一下，大部分人的心智都是慢慢发展成熟的，但是人格具有多面性，有的人是一部分人格成熟了，但还有一部分人格很婴儿化。

我不是说这样不好。一个人如果能一直活在"我无所不能"

的偏执幻想里，对他而言是一件很开心的事情。而且，那些对生活的方方面面都掌控得很好的人，也常常被他人羡慕。

但是，生活的真相是，"人生不如意之事十之八九"，就算是所谓的"人生赢家"也一定有不如意的事情。

不是每件事都能如你所愿、以你的意志为转移的，也许你努力去控制还是改变不了结局。如果自我的核心建立在"我无所不能""我如果努力就一定能成功"的信念上，那么当现实击破了幻想、努力了也无法力挽狂澜、掌控不了结果和他人的时候，你就会自我怀疑，甚至不知道以怎样的状态和信念继续活在这个世界上。

这是很危险的。如果偏执幻想崩塌，这种婴儿化人格根本承受不住现实的打击，真相将不由分说地向你扑来。

当我们发现自己努力了也改变不了现实，自己不再无所不能的时候，如果我们的心智还停留在婴儿阶段，就会出现婴儿般抓狂的愤怒。

为什么无论我怎么和他沟通，他都完全不改变，一直这样伤害我？

为什么我的父母完全认识不到自己的问题？

为什么我的领导颠倒黑白，明明我没错还说我错了？

为什么我都这么努力了，还是没有办法达成那个目标？

婴儿在愤怒的时候，可能会砸东西、咬人、在地上滚来滚去、对人拳打脚踢、嘶吼、大哭。而其实，一个成年人在偏执幻想被打破后，大抵也会以同样的方式宣泄愤怒。

可是，愤怒之后，我们发现自己并没有凭借愤怒改变这个世界，这时又会陷入深深的自我怀疑、迷茫，甚至可能会陷入抑郁。

有的人因此陷入了长久的低谷状态，从此一蹶不振，开始与不受控的世界为敌；有的人因此走上了另一条自我成长的道路——接受生活的真实，放下"天然的骄傲"，开始接受自己不是什么都可以做到和掌控的，开始直面无常的人生。

较好的人格成长状态是，婴儿在懂得接纳的妈妈的怀抱里完成内心的成长，开始接受不完美，接受失去控制的挫败，接受一件事情既有好的一面也有坏的一面。

然后，他开始接受自己不是一个完美的婴儿，妈妈也不是一个完美的妈妈，但他仍然感到自己是独特的存在，仍然有很强的安全感，仍然深深喜欢这个不完美的自己。

绝大多数人都是慢慢在生活中，在接受挫败和失控中，健全自己的心智，抛弃婴儿化的偏执，学会整合的。从这个角度来看，挫败、失控、痛苦的确富有重要的意义。

而从偏执走向整合并完成人格成长的契机，往往出现在现实击破了一个人无所不能的掌控感的时候。

2

不那么骄傲，不那么偏执，会让我们活得平静，接纳做不到完美的、掌控不了全部的自己。

我的一个来访者说，她小学、初中、高中的考试成绩都排在第一名，可是到了大学，在高手如云的环境中，她变得不那么起眼，然后她突然就崩溃了。

工作后，她的情况变得更糟糕。

"我发现大家不只是比工作业绩，还比外貌、男朋友、家世。

"我就是总想赢别人，可是我总感觉自己被人排挤。我特别痛苦，特别自卑。"

她因此感到非常痛苦，并陷入了深深的自责。虽然她一直都很努力，但她离自己梦想的所有人眼中的第一名却越来越远，现实中的每一天，她都觉得自己无比差劲。

做不到十全十美，她就看不到好的部分。

我说："你的世界里没有中间状态，只有第一名和最差。

"如果拿不到100分，你就觉得自己是0分。

"你是不是不允许自己在群体里处于中间甚至较落后的状态？"

"总是第一"就是她的偏执幻想，"总要赢别人"就是她"天然的骄傲"。

如果她对世界的掌控感要体现在必须胜出别人的基础上，那么她最终一定会迎来掌控感的破灭。

很多人都是如此，只不过每个人想去掌控的点和不能放手的点不同罢了。

有的人对婚姻的掌控是一定要幸福地过完此生；有的人对工作的掌控是一定要有进步；有的人对家人的掌控是全家一定要幸福平安，不可以有任何不好的事情发生。

这样的掌控并没有问题。但是，我们必须有能承受事情发展偏离掌控的能力和心理弹性。

即使愿望破灭了，自己也不会碎；即使不那么完美，自己也不会完全否定自己。

成人的世界是越来越广阔和复杂的，不像我们儿时看到的世界那么单一和简单。

从什么都简单到什么都变得复杂，影响人和事的因素越来越多，人的愿望也越来越多，我们必须接受会有越来越多的不顺利、不如预期、没有结果。

很多人的痛苦在于，总想要挽回掌控不了的事情，像只无头苍蝇一样到处转；或像灯蛾一样，为了达到目的去扑火燃尽自己。他们如此痛苦和煎熬，甚至不惜付出牺牲自己这样巨大的代价，也死死不肯投降、不肯放手，为什么会这样呢？

因为他们没有学会一个关于掌控的重要法则，那就是掌控的意义不在于无所不能，而在于去掌控自己可以掌控的部分，对于不能掌控的部分要懂得放手。

我们要接受生活中既有能掌控的事情，也有掌控不了的事情，在 0 分和 100 分之间，找到越来越多的中间地带，接受好坏爱恨的交缠，这就是成熟。

3

最后，我想说说如何做到不那么偏执，如何掌控能掌控的，如何活得顺其自然。

（1）画一个框，在框里寻求掌控感的满足。

人不能完全没有掌控感，画的框越小，你的掌控感就越容易得到满足。

"今天晚上，我打算做红烧鱼，炒小白菜，再做个菠菜猪肝汤。"如果框是这样的大小，那么你一定很容易获得掌控感——是的，聪明的你肯定已经看出来了，活在当下可以让我们容易获得掌控感。

（2）画出自己和别人的边界线。

如果不画这条线，你对自己的掌控就一定会涉及与你边界不清的他人。

我喜欢这个，你也要喜欢；我觉得这是对的，你也要觉得这是对的。这种不清晰的边界感，会让你很难获得掌控感。

于是，你不得不花大量精力去掌控，还会被掌控不了的人搞得很无力。

（3）顺其自然。

小到本来今晚打算做红烧鱼却没买到鱼，大到婚姻、家庭中的不如意，你从中深刻地认识到，我们能做的就是尽力而为。去做想做的一切，不再被未知的结果束缚，是为顺其自然。

STEP

/05

不要高估他人，也无须苛责自己

1

　　高估了人性、爱、父母和自己，是很多人在痛苦中挣扎的一个重要原因。

　　为什么这样说呢？因为当你对生活的预期从一开始就产生了偏差，将标准定得太高时，无论你生活的如何，你都不会满意，你会不甘、会痛苦，会继续执着于追求那个"如果"。

　　看到我们生而为人的局限性，活在真实的认知里，而非幻想般的自恋里，我们才能对这个不那么美好的世界感到满意，在世界的不完美中找到"这就是我想要的"这种感觉，我们才能体验到幸福。

　　我常常和大家谈到原生家庭，也看到了很多原生家庭充满伤害、缺失的血泪故事。

引导来访者将自己未曾表达的愤怒和怨恨表达出来，肯定他所受到的创伤，定义养育环境的问题、父母功能的缺失甚至父母的"毒害"，是咨询工作中非常重要的一部分。

然后，帮助来访者看清这些事情的真相，看清那些令人非常遗憾又无法改变的过去，认识到原生家庭中每一个人的软弱和糟糕，引导他们理解和接纳自己现在的"缺陷""做不到""无法改变"。当他们降低完美而虚幻的标准，勇敢面对真实的人性和不足的自己时，他们才能与自己达成和解，才能自我接纳，才终于可以鼓起勇气去拥抱这些残缺。

最终，他们便能获得那种"其实我还好，生活还好，世界还好"的感觉。

2

先以父母为例吧。

当父母对我们的控制给我们带来了很大的影响和痛苦，甚至是极大的束缚，并且我们没有办法逃离这个困局时，对此，我们当然是可以去恨的，恨是真实合理的感受。

但接受咨询不是来访者对咨询师表达对父母当年所作所为的恨意就结束了的，如果只是那样，咨询师最多就是扮演了支持并倾听来访者诉苦的朋友的角色而已。

咨询师需要通过探讨和分析，创造共情和接纳的环境，帮助来访者认识到"我们唯有放下对父母近乎完美的期待，才能真正完成与父母的分离，脱离他们曾经带来的影响，摆脱令我们痛苦的情绪，从此轻装上阵，迈向自己的人生"。

我曾经听到来访者这样表达："就算知道他们也有他们的局限性和理由，但我还是恨。妈妈以前对我非常严苛，如果我满足不了她的要求、达不到她的期待，她就会非常焦虑，认为我不配做她的女儿，对于这样的她，我怎么能不恨呢？如果她能够包容和接纳我，我就能好好地爱自己，就不会那么焦虑、那么想要掌控别人了。我现在对我的孩子也缺乏爱和包容的能力，就是因为她，我现在变得和她一样了。我恨妈妈，也恨这样无法改变的自己！"

来访者的妈妈没有发挥出她应有的养育功能，没有包容和接纳孩子，而是对孩子充满了控制，一再要求孩子完美，因此当来访者成为妈妈后，也很难对孩子发挥出很好的养育功能，只能眼睁睁地看着自己也变成妈妈的样子。

但是，即使看见这一层真相，来访者也无法完全改变自己焦虑、严格和控制孩子的习惯。来访者不仅恨妈妈，还不断攻击着这个无法脱离原生家庭影响的自己。

接下来该怎么办呢？

其实我们还有一条路。

当我们看见原生家庭的问题后，需要理解这就是大多数人真实的人生，现实中并没有毫无伤害的完美的原生家庭，不同的只是伤害的等级。当我们接受了自己在生命的开始就被随机分配了一个养育功能较差的母亲，她因匮乏而焦虑，又因焦虑而控制（此处略去父亲和家族的影响，不展开讨论），所以她只能过分严格地要求自己的孩子，而无法做到包容和接纳。这时，我们便不会再去想为什么只有自己分配到这样的母亲（实际上并非只有你有这样的母亲）。

这份接受会救赎你，因为你接受了母亲当年的做不到，所以，你也能接受自己现在的做不到。

我们都是人，都会受到各种因素的影响。我们和所有人一样，都无法成为完美的父母。我们能做的就是尽力即可。

如果我们高估了人的能力，觉得自己的意识可以战胜一切，甚至认为潜意识也完全能被自己改变，那么我们对自己的要求就会变得过高。

如果我们活在自恋幻想里，那么我们不仅无法与父母和解，更可悲的是，我们还不能与自己和解。我们恨不够好的父母，也恨不够好的自己。

如果你现在仍然期待你的父母能够解决他们潜意识中存在的种种问题，变成特别好的父母，那么你必然也期待自己能够解决潜意识中存在的种种问题，成为特别好的自己。

而这一切的标准都不真实，不符合人性的种种弱点和局限性。在这样的标准之下，你对他人永远都不会满意，也永远不能实现对自己的接纳。你会充满愤怒，无法与自己和解。

3

关于父母的真实是什么呢？

有的父母儿时经历了兄弟姐妹的死亡，经历了吃不饱、穿不暖、没有书读的生活；有的父母小时候虽然生活条件相对较好，但是从小寄宿在别人家，或者是留守儿童；有的父母小时候被家长隐形虐待，即要么完全不被关注、从未被共情，要么被过分严格地操控和要求，长期处在一种"我必须什么都做好"的应激反应里。这样的原生家庭导致父母变得焦虑。

很遗憾是不是？但是，不管多么遗憾，这都是现实。

也许有人会问，难道因为父母的原生家庭不好，我们就要谅解他们吗？

不，我不是在叫你谅解谁。

我想说的是，绝大多数原生家庭都有问题，而且是代代传递的问题。除了那些被诊断出精神疾病的患者，自己想要通过咨询从原生家庭的影响中走出来的人都是先行者。还有更多人活在局促慌乱的现实生活里，焦虑地想着怎么把日子过下去，只有少数人才能达到可以打开心房的阶段。

看到这里，或许有人非常想责问父母："既然如此，为什么要在这样的环境下生育孩子呢？既然你们自己有那么多问题，为什么还要创造一个生命呢？"

但我认为，这样的责问又高估人类本能了。人类本能中有一种非常强的动力——繁殖。没有这种动物性的本能，就不会有如今庞大的人类群体。

这个动力根植于我们的内心深处，在潜意识中，如果没有特别地觉察，大部分人都会追随本能去生育孩子。而且当我们看到周围人都养育了孩子时，我们就不会问"我要不要"，也不会问"我能不能"，而是会认为"我必须也这样做才正常，才和大家一样"，这就是从众心理。

要想不从众，从自己，就需要先构建强大的自己。要想不跟随繁殖的本能，先去思考自己是否想做父母，是否具备了做好父母的能力，就需要学习和提升认知。

4

我们对自己的理解如何才能真实且全面？如何才算标准没有定得太高？什么才算是合理的期待而不是幻想？

举个例子，如果你是一位母亲或者父亲，我会建议你不要高估自己的人性，也不要给自己太高的要求和期待。

有的妈妈将自己的所有时间都给了孩子，却对孩子充满了恨意。我们的能量是有限的，付出太多就会消耗太多能量，我们就会愤怒。

如果我们不断勉强自己，觉得自己必须满足孩子，并且将爱的标准定得太高，觉得爱就必须罔顾自己的感受和疲累，全方位地付出，那么我们就会在潜意识里因此而恨孩子，因为他确实占据了我们的生命，需要我们付出很多。

这种恨意会被我们有意识地压抑，因为我们在道德层面知道自己是不可以去恨孩子的，只能给予孩子爱。于是，对孩子的恨意才会被压抑到潜意识中，然后换一种方式在孩子的身上表达。

下面的情形你可能就很熟悉了。当孩子考试考得不好时；当你刚刚回答了他一个问题，他马上又问你第二个问题、第三个问题时；出门前他动作磨蹭，穿鞋穿得慢了时，你对孩子压抑的恨意就会冒出来。

你会以恨的态度对他说："你怎么这么不用心？""你怎么有这么多问题？""你怎么每次都这么慢？"

也许这些话本身并没有错，但是如果在说这些话的时候，你带有对孩子深深的恨意，那么你的孩子就会非常委屈和难过，他会察觉到你的不接纳和敌对，甚至觉得你并不爱他。

你只有意识到自己也做不到那么完美，并且将标准降低，允许自己做不到，你才能与自己和解。再没有什么比这件事更重要的了。

你的孩子也会学习你对待自己的方式。如果你不放过自己，他也会受你的影响，活在对自己的过高要求中。

要停止原生家庭的伤害，我们需要的不是更努力，而是去接受那些自己/父母/伴侣/孩子做不到的事情，这就是整合、成长，是人格层面的提升。

理解了真实，我们就能逐渐接纳。接纳当然不等于不提出任何要求，而是在提出要求时，我们不再有一种非如此不可的执念。我们建立了可以容纳做不到和无力感的内心空间，拥有了负性能力^①，并继续爱自己和世界，这就是接纳。

5

端午假期，我带孩子去海边玩。虽然她非常想让我一直陪她玩，但是我做不到。即使只有 2 天，但始终陪伴她并回答她的一

---

① 也称为"消极能力"，指个体能够平静地面对不确定性、未知和疑惑，不被烦躁的情绪所驱动，也不急于寻求解决方法的能力。——编者注

切问题，我也会感到疲惫，觉得有负担，而且我也希望能有一段面向大海的个人时光。

于是，尽管女儿要求我一直陪她，我还是告诉她，妈妈需要有一些自己的时间，这个时候你可以自己去玩一会儿。

我看到了孩子眼里的失望。但在我的坚持下，她妥协了。

我想，这就是当下的我能做到的最好的程度。

也许有一天她会告诉我，我不是一个那么理想的妈妈。我等待她的表达，也接纳她对我的不满意。但我想，那正是一个绝好的机会，让她明白我是个不完美的妈妈，而她也可以做个不完美的孩子。

也许，这就是我们面对这个世界，刚刚好的样子。

06

接纳自己，就是对自己的爱

1

刚开始写公众号的时候，我虽然知道自己要写的是心理学的内容，但不是很确定自己这样写的最终方向是什么。

是的，结果是未知的。

后来，在写作、出版、做课程、与读者互动，以及在日常的心理咨询工作中，我渐渐领悟到了，我想写下去的方向不在术的层面，写的目的也不是给读者提供方法，而是提供体悟。

我想让大家在我的文字和声音里，体验一个个真实的生活片段，去观察和理解我们日常的行为、行为背后的思想与动机，去拥抱真相，去感受那些可能被忽视但一直在主导我们人生的思维和情绪模式。让我们去察觉它们，和它们相处，然后改变它们，或者找到一种与它们和解的方式。

这是我写作的最终方向。

我们的感受、情绪和人格，都是无法轻易被方法改变的，方法会起一定作用，但治标不治本。

我们一定要在生活中体验、觉察和接纳。只有在体验中产生的潜意识能量，才能改变自己的潜意识。就像来访者对我说的："我也不知道改变是怎么发生的，但是我确实感觉到了改变。"

我们没有办法给自己的心灵"做手术"，但我们可以让它接触到一些不同的体验、价值观、信念，这就是在给心灵提供滋养和不同于原生家庭的新环境。然后，静待花开，让我们的心灵完成蜕变。

2

追剧是我减压放松的方式。我最近追了一部电视剧，这部电视剧对于人物心理进行了极精准且有深度的呈现，不断给我带来心灵共振的感觉。

这部电视剧讲述了4个家庭的故事，他们住在一个叫作"天空城堡"的地方，4个家庭都有正在读中学的孩子，孩子的父母都面临着孩子升学的压力。

有的父母不惜一切代价要让孩子考上顶尖的医学院，成为名医继承自己的衣钵；有的父母希望孩子能够超越自己，成为"人生赢家"；有的父母将孩子当作自己的面子，希望孩子可以出类拔萃，从而弥补自己工作失利时的挫败感。

故事就在这样的背景下展开。我要分享的是4个家庭中的一位妈妈和她儿子相处的2分钟片段。

这位妈妈自己的家庭条件比较好，她的老公是医生。她有点虚荣，性格直爽、泼辣，又有一点小心机，因为希望自己的独生子能出人头地，所以逼着孩子学习。有一次，考试的命题作文题为《我最想成为什么》，她儿子写的是《我最想成为一个咖啡杯》。这个妈妈看到作文后大声呵斥儿子，还拿起拖鞋在家追打儿子。

然而，就是这样一个"不那么好"的妈妈，却在一个2分钟的片段里深深地打动了我。我觉得这个片段算是一个非常好的建立关系和自我接纳的范本。

如果我们想和某个人建立有回应的、好的关系，渴望得到并且也想给予真正的包容和接纳，那么首先我们要知道它是什么。

很多人从未真的在生活中体验过包容和接纳，或者他们曾经经历过这样的时刻，却不知道那意味着什么。

那个片段是这样的。

上初中的儿子正在书房里学习。

镜头拉近，这个男孩正拿着他的铅笔在书本的答题处画画。

他一边画画，一边烦恼着他和好朋友白天发生的一些事情。这时，他妈妈走进来了。其实在此之前，儿子和妈妈的沟通并不顺畅，关系也不是很好。因此，当男孩察觉到妈妈进来时，他的第一反应是排斥。

当妈妈在夜里 11 点推开房门，看到儿子很苦恼地用手搓着自己的头发，拿着一支笔在书上写写画画的时候，她从后面抱住儿子说："你这么晚还在看书？"

然后又说："你要不要和妈妈一起在床上休息一分钟？"

孩子立马露出了笑容，接着母子俩一起躺到了孩子窄窄的单人床上。已经十四五岁的男孩就像一个宝宝一样被妈妈搂住，他把头埋在妈妈的怀里。平常说话很大声、很严厉的妈妈，轻轻地抚摸着他的背，开始了一段母子间的对白。

"我的儿子真乖，我们宝贝真乖啊。"

"这么乖的儿子是从哪里来的呢？"妈妈用一种非常欣赏和宠爱的口吻，看着自己儿子的眼睛讲道。

听到妈妈这样说，男孩从刚才烦恼的状态中走了出来。他开心地回应了妈妈："从妈妈的肚子里来的。"

接着，妈妈又发自内心地连续说了几遍："我的儿子真乖啊。"她一边说，一边拍着这个孩子。说完后，她看着孩子的眼睛接着说道："儿子，学习是不是很累？"孩子点点头。

然后妈妈就开始了一段自我剖白："妈妈也希望你能像爸爸一样成为医科大学的医生。可是妈妈一看到你学习这么累，就又希望你能健康幸福地长大就好。我一天改变好几次主意，我也不知道什么是对的。"

于是，儿子就在妈妈的怀里对妈妈提出了一个问题："（既然你不确定对不对）那为什么每天还要让我学习，每天都折磨我呢？"

当儿子提出了这个问题后，妈妈没有找理由为自己开脱，而是直接承认："就是说啊，妈妈也不知道这样做对不对，妈妈也没有答案。"

她接着说:"妈妈既不像宇宙妈妈那样有主见,也不像艺瑞妈妈那样有信念。所以,儿子,妈妈对不起你。"然后更紧地抱住了孩子。

我用文字将这个片段呈现出来,如果感兴趣的话,大家可以去搜一搜。

这个 2 分钟的片段回答了"什么是能走进心灵的沟通""什么是让人共情的'讲道理'""什么是真正的包容接纳"这 3 个问题。

3

我常常听到很多人说自己不知道怎么和别人沟通,不知道如何用沟通去建立好的关系。他们觉得自己的伴侣给不了自己想要的倾听和回应,常常说两句话自己就被气得不行,彼此的距离越来越远。还有人觉得,当自己想要沟通的愿望得不到回应时,自己在关系里就会感觉越来越孤独,感受不到被接纳,好像被困在了黑暗里。

其实，有一段时间，上述片段里的妈妈和青春期的儿子也是这样的关系。但是，关系不会那么轻易被摧毁，因为这个妈妈用心做到了以下几点。

> 表达肯定和爱——"我的儿子真乖，我们宝贝真乖啊。"
>
> 共情——"儿子，学习是不是很累？"
>
> 真诚——"我一天改变好几次主意，我也不知道什么是对的。"
>
> 不逃避和承担——"儿子，妈妈对不起你。"

我们也看到了，孩子的防御在消除，内心在一点点敞开。

在这个片段中，除了展现出肯定、共情、真诚、承担这4个非常重要的沟通要素，最可贵的是它展现出了什么叫作自我接纳。

妈妈坦陈了自己的愿望其实很矛盾，也找不到方向和答案；坦陈了自己也很迷茫，不知道什么是对的；坦陈了自己不如别人的妈妈有主见、有信念，并且真诚地对孩子说了"对不起"。

这正是这个妈妈高度接纳自己的体现。

一个人如果能诚实且平静地面对自己的"做不到""不够

好""无力感""错误",并真诚地展现在对方面前,愿意和别人
探讨自己做不到或做得不够好的那部分,那他一定是对自己高度
接纳的。

即,我只有接受自己的阴影部分,才能坦然地把这些阴影部
分展示出来。接受了自己阴影部分的人,活得才真实;看得见阴
影的关系,才是真实的关系。

这个不完美的妈妈就是在接纳自己的阴影部分后,才放下了
防御,真诚地与孩子谈论了自己做不到的部分,而她的真诚和坦
白让孩子也放下了防御。她对自己的接纳让孩子明白了自己的不
够好也是可以被接纳的。

如果类似的情形经常出现,孩子便会从一个懂得接纳的妈妈
身上习得接纳自己的宝贵能力。

接纳自己,就是对自己的爱。

4

前几天我看到一篇文章,题为《情商最低的行为,就是"不
停地"讲道理》。文章说,高情商的人最不喜欢讲道理,他们认

为总是讲道理没什么用，而管理对方的情绪，并拿捏情绪的分寸，才是高情商的沟通。

这个观点听起来好像很有道理的样子，但是文章的评论区有人持反对意见，被点赞最多的留言是："讲道理不等于情商低。心理咨询中最广泛使用的理性情绪疗法或认知疗法就是讲道理，讲道理之所以不被接受并不是因为讲道理的问题，而是因为在讲道理之前，少了倾听，少了价值中立，却多了评价和控制。"

我很赞同这个观点。

的确如此。在心理咨询时，为什么咨询师可以和来访者讲道理并理性分析，找到思维的盲区和惯性地带？为什么咨询师可以把来访者从情绪旋涡中拽出来，帮助他们理性地看待自己，觉察那些不合理的信念和矛盾的行为，然后找到真正的自我和改变的钥匙？这是因为，在咨询里最重要的不是讲道理，而是共情、中立、不评判、无条件接纳。

对方明白，你可以听见他的声音，可以共情他的感受和想法。你不会审判他，也不会将自己的意志通过道理强加给他。因此，对方才会打开沟通的那扇门。而那扇门，叫作心门。

一个人如果对自己的接纳度很低，就会在关系里充满防御。

他害怕别人看到他的阴影和错误。因为他觉得如果阴影和错误被别人看到，他便会羞愧难当，害怕别人会因为他不够好而抛弃他，所以这样的人在与别人沟通时才总是讲道理。对他们来说，讲道理有 2 个好处，一是可以用道理挡住自己真实的内心和情感；二是讲道理就不会有破绽，因为对的道理就是对的，不会有错。

因此，只讲道理，其实是一种隔离。

上文提到的 2 分钟片段，则是一种在接纳的基础上完成的心灵沟通，看似平淡无奇，其实蕴含了最宝贵的东西。

没有一句道理，却胜过无数道理。

5

很多人从小就没被很好地包容和接纳，没有被父母深深共情过，没有体会过不被控制的感觉，也没有人和自己坦诚交谈。因此，他们渴望一个怀抱，想体验被爱的感觉，想体验可以放心地对着那个人卸下伪装、变得柔软、打开防御的感觉。

我们总是想，如果你这样和我说话，那我一定会爱你、信任你，会好好和你说话。但是，如果我们将期望都放在别人身上的话，关系便容易陷入僵局，因为别人很可能也和我们抱有一样的期待和想法。所以，我们要把重心放在自己身上。

自己给自己这样的怀抱。共情自己，肯定自己，接纳自己。

有时候你是上文片段中的孩子，但有时候，你要做上文片段中的妈妈。

在上文片段中，当妈妈对孩子说"妈妈不像别人的妈妈那样有主见、有信念，对不起"时，孩子的回答有点出乎我的意料。

孩子说："妈妈，我一定会善良地活着。"

看起来，令妈妈棘手的问题并没有得到解决，可能今后妈妈还是会逼孩子学习，孩子也还是会觉得妈妈很烦。但是在有爱和接纳的状态下，孩子萌发了最美好的自我感觉，他说的话并不是在解答妈妈的问题，也不是在表达自己对学习的态度，而是因为体验到了很美妙的时刻，发自内心地说："我一定会善良地活着。"

这段对白看起来与前后内容不搭，但其中暗含了一个道理——生活的问题、痛苦、挑战永远一个接着一个，但这些并不影响我们去创造那些美好的时刻。

这样的时刻，能让人间更值得。

第二部分

用内疚来控制你的不叫"爱"

剥离了那些父母投射来的期待和判定，剥离了他人的眼光，
你第一次感受到真实的自己，感到迷茫、孤单、脆弱和无助。
这才是你人生的开始，是一个你开始拿回决定权，
重新定义你自己的时刻。

你需要重新思考"你是谁，你要过怎样的人生，你要为什么而活"。
你无须马上回答和解决这些问题，这只意味着你在一个更自由的世界里了。

祝贺你。

你也有扫兴的父母吗

1

父母对你的期盼永不停歇。考试考了一个 100 分，就期待你考第二个 100 分；能找到体面的工作，就期待你能发财致富；能靠自己过得很好，就期待你能建立一个和谐美满的家庭。

很多父母就是这样用"不满足"的目光注视着孩子长大的，他们用一个又一个期待灌注着孩子的生命。

孩子长大之后，也内化了这样的"不满足"。于是，他们完美地延续了这种表面不断进取，实则永不满足的内心。

此刻的自己永远不够好，更好的自己永远在下一刻。

这样的人生，谈何快乐？

父母则理直气壮："我对孩子的期待都是好的，这也有错吗？

哪个父母不期待孩子好？"但是，父母却不曾了解，如果一个人永远走在被期待的路上，他会很累很累。

2

我们的内心需要建立一个奖励机制。

这个奖励机制就是，当自己完成了一个目标时，就可以好好休息，获得满足、认同、肯定等非常好的情绪体验。这时，自己才能发自内心地想去努力，因为达成目标的体验是很棒的。

虽然奖励机制是心理学的一个理论，但它很好理解。

有了期盼我才努力，这是人之常情。但是，很多父母从未让孩子体验到期盼真正实现的滋味，从未让孩子安心且平静地享受目标实现后的喜悦。

因为父母不满足，所以孩子也不被允许满足，更无法习得满足。

很多父母只知道期待，一个期待被实现就许下了下一个期待。

他们设置目标让孩子去不断努力完成，却从未建立奖励机制。

孩子完成了一个目标，刚想享受此刻的喜悦，打击就来了。

你这就得意了？看隔壁 ×××。

就一次成功而已，你每次都这样才厉害。

井底之蛙，你考了全班第一而已。

升个职就了不起了？你什么时候能结婚我才真的高兴呢！

父母这样养育孩子，也许可以养育出优秀的孩子，但是一定养育不出懂得快乐的孩子。

3

能够满足是一种能力。

好的父母应该怎样养育孩子呢？是让孩子去满足自己永远的"不满足"？还是养育一个有满足能力的快乐的孩子？

我在讲课时常常会说到"自我接纳"，这时总有人马上提问："你说这个不就是教人满足于现状，不思进取吗？""我害怕自己永远就这样了，我可以什么都不干吗？就这样整天躺着？"

我想，问这些问题的人都很焦虑。他们的脑子里住着严厉的"超我"，稍微想要奖励一下自己时就会有个严格的声音跑出来说：

"你这样下去就完蛋了，你是在浪费生命，在混日子。"

因此，一听到我说"你可以自我接纳，拥抱不完美的自己，接受当下"，他们就很紧张，认为稍微停下就是不思进取。

通常这个时候我会说，我不担心你会什么都不干，整天躺着。因为什么都不干，整天躺着也是很难的。

有一位来访者，在辞职后花费了 1 个月学语言，又没有通过考试，因而极度自责。她说，她辞职学习语言，却仍然没通过考试，是自己太差了，没好好安排时间，自己太拖延了。

我问她："你为什么这么急？1 个月不行，还有 2 个月、3 个月。"

她说她计算过时间，计划 3 个月后去国外，学习 2 年回国，然后找工作，赶在 30 岁之前解决婚姻大事，而她现在已经 27 岁了。

她给自己制定了紧迫而且较高的目标，沉浸在达不到预期的自责里，自己却没有察觉到。

她告诉我，小时候在玩得开心时，父亲曾粗暴地打断她，然后打了她一顿，说她浪费了时间。长大后回父母家住时，晚上她不管几点睡，第二天早上六七点都会被父母叫醒，因为父母不允许她睡懒觉。

我想，我理解了她的紧迫感的来源。

我说，你可以先好好睡几天，试试一个月什么都不做。你的生命是你自己的，你可以给自己多一点时间。

她的问题不是不思进取，而是给自己留的时间太少。因为时间太少，总急着向前冲，没有停下来享受的时间，而且父母对她的要求总是一个接一个的，令她喘不过气，因此她才会拖延。

既然一个目标完成了，后面还有一个目标，那为什么要急着完成当前的目标呢？

这样理解拖延，也许很多拖延症"患者"就释怀了。

拖延症群体里有一大部分人对自己极为严格，他们的父母不懂得满足、价值感低、不接纳自己、对孩子也很苛刻。他们对孩子总是有无数的期待，因为只有在这种高期待中，父母才能找到自己的价值。

"我没有合适的理由去拒绝父母对我的美好期待，唯有拖延可以让我停下来。"

4

有段时间，很多人都向往北欧人的生活。北欧人骑自行车出行，开小船看落日，过着非常安逸、与世无争的生活。

虽然后来有人指出，北欧冬季时间长，是抑郁症高发的地区，并抨击上述观点，但还是有很多人认为简单安逸、与世无争就是一种幸福。

但是，你有没有过简单安逸、与世无争的生活的能力？那是一种心理能力，类似"离苦得乐"的能力。

你都不能允许自己睡几个懒觉，怎么能容忍自己不去力争上游？不去不断提升？不去和你当年的同学比较？不在社交平台攀比？

什么都要比，什么都要"晒"，什么都要力争更好，怎么过得简单安逸？怎么得到满足？

每个人都有适合自己的位置，认同这个位置才会产生满足。虽然这个位置肯定不是最好的，但如果你能认同这个位置，并对此感到满足，那么你就学会了自我接纳，学会了接纳"此刻不完美的自己"。

本来你年薪 20 万元，你觉得还行，但是公司里比你职位还低一级的同事去创业了，他的公司估值 1000 万元，你顿时焦虑了。

本来你的孩子考上了国内的重点大学，你还挺骄傲的，一听到闺蜜的孩子明明成绩不如你家孩子，竟然申请上"常春藤"大学了，你立马不平静了。

本来你在老家是街坊四邻羡慕的"别人家的孩子"，毕业后你留在一线城市奋斗，成为白领，拿着还不错的薪水，可同事家里房子拆迁，得到 1000 万元拆迁款，你蒙了。

这种感觉难不难受？难受，绝对难受。

你刚刚建立的满足感在现实面前一下子溃不成军。怎么办？

我郑重地说，你需要找到适合自己的位置，然后认同那个位置。如果别人的位置让你慌乱，你需要稳住自己，告诉自己不要慌。不管他是谁，过得怎样，你都有一个适合自己的位置。

在这个世界上有一个属于你的位置，并且你能认同和坚守自己的位置。这就是满足，就是简单的人生。

你也许比创业的同事更有能力，但是你也可以待在打工一族的位置上并认同那个位置。

你也许长得比 ×× 漂亮，性格也更好，但她嫁得好也不妨碍你嫁给一个普通人，过普通而温馨的日子。

你也许可以努力争取，过上灿烂无比、令人艳羡的人生，但是如果你要过简单普通的人生，也是很好的，这也是一个位置。

重要的是，你是否可以认同你所在的位置。也就是说，你对于你所处的位置是否感到满足。

对自我接纳度低、总是对自己期待过高的人来说，自己所处的位置永远不够好，别人所处的位置才更好。也许他们会持续努力，但是他们很难感到快乐和满足。

现代社会，大家都很忙碌，都获得了比从前更多、更好的东西，可是大家又感到很大压力。

在这种环境里，你是否可以问问自己：究竟怎样的位置是你能够真正认同的，是你能够对自己说"我这样就可以了"的？

你是否能选定一个位置，当你站在那里时，就不再和别人比较，不再管别人是否羡慕和欣赏你？

我们可以问自己 3 个问题：如果有一个那样的位置，那么你认为是什么？它可以就是此刻的位置吗？当你到达了心里向往的位置，你觉得自己会满足吗？

最后，我还想对那些习惯鞭策自己的读者说："别担心自我接纳会让你终日无所事事。我反而很好奇你能持续多久什么事都不做。"

STEP

02

父母的期待让我好累

1

"期待"不见得是一个好词，很多人的心理问题都是这个词带来的。

被别人期待着，自己也认同了那个期待，然后将自己逼到一个"一定要怎样"的位置。可想而知，这会给自己多大压力，有多少焦虑和恐惧，有多少对自己的不放过以及不允许。

辜负期待、让人失望，是很多人内心的噩梦，它让人夜不能寐，焦虑至极。

讽刺的是，不管多么艰难、焦虑和疲惫，这个人都无法和对他抱有期待的人说："请不要对我抱有期待了，你的期待让我好累。"

为什么呢?

因为他害怕暴露了"我不行"，对方就会觉得自己很糟糕，就会不再喜欢自己。他不能接纳自己的做不到，因此他觉得其他人肯定也接纳不了自己的做不到。

为什么他不能接纳自己的做不到呢？

因为在他做不到的时候，没有人接住他的做不到；在他表现得糟糕时，没有人接住他的糟糕。

2

"接住"是一个很形象的词。

父母最大的功能，不是给孩子提供教育或者成为孩子的指路明灯，而是接住自己的孩子。

一个朋友和我回忆她在女儿上小学四年级时去学校参加家长会的场景。

"班上有 40 多个学生，开家长会时，来的家长有五六十人，黑压压地坐了满满一教室。班主任在讲台上讲话，他说，为什么我教的孩子有的能考满分，有的只考了 70 分？为什么有的孩子门门功课都是优秀，有的却连作业都做不对？我都是一样去教的，为什么他们这么不同？就是因为有的家长在家里没有做好工作！"

她说，那时家长们都低着头，像小学生一样听着老师训话。

其实，老师说的话是有逻辑问题的。虽然同样是一个老师教，但是孩子是完全不同的，就像郑渊洁说的，我们应该教一个孩子用 50 种方法，而不是教 50 个孩子用同一种方法。

那么，在这个例子里，什么叫"接住"呢？就是当老师将压力抛给家长时，家长能够判断、消化、思辨；家长看到自己孩子考试考得不那么好时，能够处理自己的情绪；当家长对孩子的期待落空时，能接住孩子"糟糕"的状态，然后平静地面对和处理自己的情绪。

接不住就是家长感到期待落空，被老师训斥后觉得很没面子，想到孩子这样下去可能上不了很好的初中时，情绪一下子就涌上来了，焦虑、恐惧、愤怒……这些情绪强烈到家长自己无法承受，只能立马将情绪宣泄到孩子身上。

这些家长回家会好好"教育"孩子，让孩子感到害怕，承受很大的压力。他们觉得，只要让孩子害怕到不敢再表现糟糕，不敢再辜负自己的期待，就够了。

"这样我就舒服一些、安全一些了，不用去面对我面对不了的情绪了。"

如果父母接不住孩子的不够好，那么孩子就不敢不够好。一个人不敢不够好，就会拼命满足他人的所有期待，接纳不了自己不够好的部分。

无法接纳"不够好"，就必须活成他人期待的样子，于是很多人就会活得不自由、不真实，活在自我攻击和自我谴责里。

可是，一直都做得好，是不可能的。

3

我这么累，这么勉强，都不敢告诉父母我其实不符合他们的期待。因为当我不符合父母的期待时，他们给我的体验实在太可怕了。

所以，我必须防御，我的防御就是时时刻刻都竭尽全力去符合父母的期待，那我就不用再去体验他们"接不住"时的狂风暴雨了。

"如果父母都不能接受我不符合期待，那么其他人肯定也无法接受吧。"这就是很多人内心的声音。

如果你有"接不住"你的父母（这种情况很普遍），怎么做才能减少被期待的压力呢？

那就是告诉自己：你的父母虽然不能接受你不符合他们的期待，但不代表其他人也接受不了，而且也不是所有人都对你有所期待。你完全可以去定义你对自己的期待的标准。

说得极端一点，你也可以对自己没有期待，这是你的权利。

一个人不恐惧期待破灭带来的结果，因此他可以对自己诚实，也对世界诚实。这叫作"成为自己"。

成为自己，需要我们接纳失望，既要接纳自己对自己的失望，也要接纳别人对自己的失望。最后，接纳自己是一个普通人，并没有那么光辉璀璨和与众不同。

4

有人曾经问我，难道人生不需要高光时刻吗？如果人生没有高光时刻，还有什么意义呢？

我想说，谁说人生一定需要高光时刻？人生有高光时刻又能代表什么呢？

不管有多少高光时刻，人也一样会归于虚无。

很多人的痛苦不在于希望有高光时刻，而在于希望自己的人生时时刻刻都处于高光时刻，希望自己总是在舞台的中心，在一个特定范围里比周围人要强。

如此，他们才觉得人生有意义。

一个人活着，当然会对自己有一些期待，别人对你也会有期待，特别是当一个人扮演着多个角色的时候。无论你是妻子、妈妈、女儿，还是丈夫、爸爸、儿子，或是职场中的上级、下级，你在关系里都会被期待着。

期待本身是没有错的。可是，如果你时刻都要满足来自别人的或者来自自己的期待，无法接受自己会跌出期待之外，那么你也许永远无法让自己放松，无法坦然做一个不那么优秀的自己。你会活在困局里，而这个困局就是被各种"善意的期待"编织而成的网。

最后，介绍几个解开捆绑着你的那些"善意的期待"的方法。

（1）意识到期待总是难免的，无论是自己对自己的期待，还是别人对自己的期待。同时意识到满足所有人的期待是不可能的。

（2）自己到底待在哪个位置才最舒服呢？有人说，如果是跳起来就能够到的高度，就一定要去争取。但是，如果是你跳起来才够着的位置，那么你很难一直待在那个位置，从那个位置上掉下来也是很正常的，毕竟没人给你准备梯子。

（3）如果对自己有期待，建议对自己的容许度高一些，把期待的范围变广一点，做到了 A 就不要要求自己还要做到 B。

（4）检视一下自己有没有以下想法：我过去在学校成绩优异，从不辜负父母的期待，可是我现在过得不太好（比如婚姻不幸福、孩子不争气、收入一般），不符合自己一贯的形象，满足不了别人的期待。

这种想法不仅明显有问题，也是你的错觉。学校环境是单一的，而社会环境是复杂的，人生包含了很多难题和挑战。你就算在 A 赛道胜出了，也无法代表你能在其他规则、玩法、选手完全不同的赛道上胜出。

（5）辜负期待，我会内疚怎么办？

内疚代表着，你觉得别人会因某件事你做得不好而失望和难过。但是，别人的失望和难过本来就是因为他对你有不切实际的期待才产生的，这不是你的错，对你有期待的人才需要对他不切实际的期待负责，也就是需要承担期待破灭的后果。这是他自己要承担的事情，而不是你要去承担的事情。

　　每个婴儿都期待自己有个完美的妈妈，但是从他来到世间的那一刻开始，就可能时常体验着各种期待的破灭。当他适应了不完美的妈妈，适应了这个世界的不完美时，他就能真实地活着，而不是活在幻想里。

　　那么，期待你无所不能的人，包括你自己，是否还活在幻想里呢？

可怜人也有攻击性

1

不是所有的可怜人都没有攻击性。

可怜人最大的攻击性就是，无论他对你做了什么，你都无法攻击他。因为他太弱，攻击他你会内疚。

而你的攻击性发挥不出来，你的愤怒就无法表达出来。

2

很多人在讲到原生家庭的创伤时，会像下面这样回忆自己的父母。

　　我的父母当年一直在打压我，对我既严厉又苛刻。

　　他从来都不认同我，只看得到我做得不好的地方。

　　他们生下了我却不是合格的父母，想到这一点我就会恨他们。

　　……

　　这样的人在表达他们在原生家庭受到的创伤时，会描述自己童年那些令人痛苦、恐惧的过往，他们承认原生家庭不够好的养育，使自己形成了固化的模式，并且直到现在他们还陷在这样的模式里。他们无奈地发现，自己遇到的很多人生困难和关系障碍都与原生家庭有关。

　　如果你问我，这样的人是不幸的人吗？我想，恐怕我不会用不幸这个词来形容他们。因为他们看到了，也面对了自己的父母在他们的人生里造就的真实。他们面对了不那么好的开始，然后在爱的同时承认自己的恨，在孝顺的同时表达自己的愤怒，在感恩的同时允许自己表达对父母的不认同。

　　虽然他们有缺憾和创伤，但是他们至少看到了这些真相，可以做到对自己诚实。他们至少拥抱了受伤的自己，拥抱了那个哭泣的内在小孩。

可以说世界上没有完美的原生家庭，也没有全无创伤的孩子。可以看到这个事实的人不是不幸的，而是幸运的。毕竟，看到是疗愈与和解的前提。

有一些人比他们不幸，这正是我本篇想谈论的一类人。

他们被父母的"弱"锁在了一个故事中，在这个故事中，父母是弱者和受害者。

他们必须永远对父母心怀感恩，永远是懂事、乖巧的孩子，他们不能让自己意识到父母当年对自己做了什么。他们无法清晰地去谈论原生家庭曾经给自己带来了怎样的创伤，不能将攻击的剑指向父母，不能允许自己对父母产生恨意。

他们受的伤都被自己合理化了，即使坐在咨询室里，他们也难以对咨询师讲述自己的痛苦，因为他们根本不允许自己再次感受那份痛苦。

他们很少谈论童年，即使谈论童年，在那个故事里，他们的父母也都是善良的人，是尽力去照顾孩子的好父母。

他们在生活中不断重复着一种模式，这种模式深深地影响着自己和亲密关系中的对方，让自己的生活陷入了一种糟糕的状态，但他们一直未能找到造成这种状况的原因。

他们好像在找答案，却又一直绕着答案跑。

因为答案藏在原生家庭里，而他们不允许自己对原生家庭和父母有任何质疑，所以他们永远找不到答案。

他们似乎从一开始就不会考虑通过谈论原生家庭、分析自己的家庭故事，来拥抱自己的创伤以疗愈自己。

这样的人其实是不幸的，相比那些能够在咨询室里坦然地谈论父母曾经对自己的伤害，甚至情到深处大哭的人来说，这样的人连为自己哭的资格都没有。他们在很小的时候就把这份资格让给了父母。他们的父母往往有一个共性，那就是非常弱。

他们的父母缺失了母亲或父亲应该有的功能，但又因为自己很弱，所以活在一种可怜者、受害者、牺牲者的人设里，以这种弱来把控外界和孩子，甚至占据着孩子的生命。

这就是可怜人最大的攻击性。

3

给大家讲一个真实的案例。

我有一位来访者 L 先生，45 岁，他因婚姻问题来找我咨询。

他的困扰在于他总是控制不住地对妻子发火，并伴有较强的攻击性，而导火索都是一些很小的事情。

一开始 L 先生并不觉得他对妻子的攻击给妻子造成了多么大的伤害。他认为，只要他能平息情绪，再向妻子道歉，就能和妻子重归于好，两人可以当作什么都没有发生过。但现实情况是，他的妻子很难很快从伤害中恢复。

L 先生的妻子对 L 先生在愤怒状态下的挑剔或指责感到很受伤，而且 L 先生攻击妻子的行为已经持续很多年。L 先生回忆说，他确实总是因一些小事攻击妻子，频率是每隔几天就要攻击一次。他的妻子现在已经不愿意再忍受，要求他必须通过咨询或其他方式改变，否则就考虑结束和他的婚姻了。

咨询师要帮助来访者在安全的、被共情的关系里（来访者和咨询师内心建立了信任关系），看到那些没有被看到的潜在动力，即创伤在他身上遗留的强烈动力，再将他的潜意识意识化。通过这种方式，帮助来访者将人格层面那些无法见光的黑暗能量转化，无论是恨意、匮乏、恐惧还是其他负面情绪，通过看见和谈论它们，最终达成内心的和解。

但 L 先生在刚开始来咨询的时候，非常不愿意谈到他的原生家庭。每当谈到他的原生家庭时，他都变得很有防御性。

他说："我的父母挺好的。当年家里比较穷困，我的父母很辛苦，特别是我的母亲，她很不容易。"

然后，就没有然后了。

其实他说这些话的意图既是阻止我们继续探讨原生家庭的话题，也是在不断强调"我的童年还不错，我的母亲很好"。

这让我存疑，因为我知道，这种阻止行为的背后一定隐藏了什么。他不愿意谈论恰好证明了那里有他想掩盖的非常重要的信息。

他每周咨询一次，大约持续了半年后，我们的关系越来越亲近了，L 先生终于谈到了他的母亲。有一次，在谈到母亲的时候他落泪了，当时我问他："你总是说你妈妈很不容易，但是我想知道，作为一个孩子，你觉得你有一个非常好的妈妈吗？或者你觉得你的童年里有没有缺憾？"

他回答："我是一个不能向妈妈撒娇的孩子。"

说这句话时，他的眼泪流了出来。他停顿了一分钟，接着说："但这不是她的错，她很不容易。"

在后来的咨询中，我慢慢了解到，在 L 先生童年的回忆里乃至他现在的生活中，他的妈妈都是一个没有办法离开孩子独立生活的人。他的妈妈必须和自己的孩子生活在一起，没有办法自己一个人住。他曾经多次试过给妈妈零用钱，但是妈妈问他："我要钱做什么？"

这句话听上去让人感到诧异，因为即使是小孩子都需要钱来和朋友交往或者买自己需要的东西。当他的妈妈说"我要钱做什么？"时，这句话隐含的意思很符合 L 先生在我面前谈到的他对妈妈的印象——他的妈妈是一个没有自我、不能独立生活的人，她甚至不知道要钱做什么。她没有办法，也不打算为自己的生活负责。

她的核心是家庭，而不是她自己。她将自己的生命依附在了儿子的生命上，"当儿子的好母亲"就是她的全部价值。

在 L 先生的记忆里，母亲总是很辛苦，很多人都会欺负母亲。母亲会一遍遍地在孩子面前含泪描述：奶奶对自己很不好，爸爸对自己很不好，婆家的亲戚也对自己很不好。

这样看来，这是一个多么弱的母亲啊。如此弱的母亲在 L 先生的童年时代常常以受害者的形象出现在他的生活里。当母亲不断在孩子面前讲述自己每天的艰难时，她是需要被孩子共情的，她把孩子当作大人，希望孩子认同自己的痛苦，站在自己这边，而自己则变成了孩子。

L 先生在很小的时候，就因妈妈的需求而不得不长大。所以在咨询里，我听不到他像孩子一样去说自己父母的问题，我听到的只是他始终在努力地为妈妈说话，保护妈妈。

在他的心中，妈妈实在太难了、太苦了、太可怜了。

然后我们会发现，因为妈妈如此可怜，所以他甚至没有办法去对这么可怜的妈妈说"其实我没有从你这里得到足够的爱，在爱的部分我是有缺失的，我并没有被你很好地养育，因为我很小就开始照顾你的心理需求了"。

因为妈妈太弱势、太可怜了，所以孩子放弃了自己作为孩子的需求。

4

故事说到这里，可能大家已经明白，那些很弱势的父母以他们的"弱"封存了孩子的恨意。

孩子无法允许自己恨他们，即使这样的父母并没有很好地关注过孩子，甚至深深地伤害过孩子，即使孩子因此缺失了很多，也不能去表达"我是痛苦的、受伤的"，因为孩子害怕父母会受不了。

L先生的妈妈的价值感非常低，她受不了别人说她一句不好，她认为自己永远是对的、是善良的，无法承受一点儿否定。接受他人的否定，会让她的价值观瓦解。因此，这样的父母一方面弱势，另一方面又很强硬——坚持认为自己是正确的。

有一本关于治愈童年创伤的书，叫作《这不是你的错：如何治愈童年创伤》。在书中，作者谈到她常常和童年备受虐待的人一起工作，然后发现了他们身上的共性。这些童年被虐待过的人都用了同一种方式来帮助自己，让自己能在虐待中活下来。这种方式听起来非常令人心酸，那就是他们在被虐待的时候（无论是暴力虐待，还是情感虐待），都会想"父母这样对我不是他们的错，不是因为他们不是好父母，而是因为我不是好孩子"。

作者解释了他们这样想的意义：他们有一种幻想，在最困难的时候会认为自己遭遇的这一切只是因为"我不是好孩子，我才会被如此糟糕地对待"。他们认为如果有一天自己成了好孩子，父母就会爱自己了，就会好好地对待自己了。

这便是孩子当时在极艰难的环境中，找到的一种让自己感到舒服的防御方式。如果我们不去面对和分析这种防御方式，这个孩子就会固守这一防御方式，在长大后还可能形成有害的关系模式。他之所以没有办法去疗愈当年受伤的自己，还会形成"别人对我糟糕，是因为我不够好"的自我认知。他会始终在关系中受虐，或者像父母一样成为施虐者。

"无法改变，就去认同"是孩子在面对虐待他们的父母时不得不做的选择，而面对以弱势人设活着的父母的时候，孩子也只能选择认同。

孩子很难凭借自己的力量去帮助父母变得强大，因为父母的弱是父母的原生家庭造成的，是父母自己的人生功课。孩子面对接受不了任何真实的负面信息的父母，永远无法表达出"其实我也受伤了，我希望你可以给我更多的爱"。

我们无法向可怜人乞求，不仅因为我们知道他们给不了，我们也觉得这种乞求很过分。

5

当我们谈论原生家庭的时候，可以问问自己，在不完美的原生家庭中，我们是否允许自己去表达当年因受伤而对父母产生的不满或者恨意？

父母看起来那么努力又辛苦，他们没有自我，将一切都奉献给了家庭和孩子，自己在生活中挣扎。

是的，这一切都非常不容易。但是，我们不能因父母的不容易，就回避自己内在的缺失，回避自己在这样的环境中遭受的创伤。

L先生的母亲有多么想成为一个好母亲，她经历了怎样不容易的生活，和她是否具备足够强大的内心人格力量，以及是否拥有一个母亲正常的养育功能，是两回事。

只有表达负性情感，抒发内在的恨和不满，我们才不会将攻击朝向自己，或者朝向他人。

在L先生的故事里，他无法攻击没有足够好的养育功能的母亲，因为攻击母亲会令他内疚，所以他只能站在保护母亲的位置上。于是，他将那份缺失、不满、伤痛和恨意埋藏在潜意识深处，不允许自己意识到对母亲的不满。

这份恨意没有消失，而是体现在了他与妻子的相处中。他将对母亲的恨意转嫁给了相对强大的妻子。因为他觉得妻子比母亲幸福，比母亲强大，比母亲更能承受攻击，所以他将对母亲的不满和愤怒无意识地发泄在妻子身上。

现在，L 先生意识到了这一切，他不再那么强烈地攻击妻子，更重要的是，他终于遇见了童年的自己，开始对自己诚实。他终于可以说出："其实我的母亲在做妈妈这件事上，做得很不够，我的内心是痛苦和缺失的。"

你明明伤害了我，我却不敢说"我被伤得好痛"，因为你一直都是喊痛的那个人。我习惯了你是个受害者，我无法让自己攻击你，一表达对你的不满，我就觉得自己很坏。

这就是弱者隐形的控制和攻击。爱恨情仇原本就是生活中的常事，单方面神化或者妖魔化一个人，都是偏执的。再艰难、再弱、看起来再无辜的父母，也有他们作为父母的问题。这些问题可能令人遗憾，无法解决，却不代表从未存在过。

当你能够面对曾经的伤痛，承认当年的痛苦和愤怒至今仍在内心徘徊，去拥抱那个未曾被父母好好爱过的孩子时，你展示出的就是解决，就是进步，就是跨越。

对父母不满的孩子不是坏孩子，孩子可以对父母不满。没有全对的父母，能够接住孩子的不满乃至恨意的父母，才是真正意义上的好父母。

04

做一个普通人，也很好

1

我不知道如何和自己相处。

看见别人如此优秀，我的内心开始不安。

我对未来感到迷茫，觉得自己毫无规划。

希望自己快点喜欢自己，变得更好一点，变得更成熟、可靠、理性。

我在网上征集大家在成长过程中遇到的最困扰和最想解决的问题，点赞数最多的前 4 条留言，就是上面这些。

你从留言中看到了什么呢？是不是看到了自己？

2

　　我的一个来访者,她很优秀,但是内心被以上问题困扰着。还有很多人和她一样,无论自己多么优秀,内心仍然充满了这样的声音。

　　这是一种什么声音?是负面的声音。一种绝对负面,几乎吞噬了全部正面的声音。

　　生活里一定是既有正面也有负面的。我们从早上起床到晚上睡觉,可能要接触几百件事情,这些事情有的会累积正向体验有的会带来负向体验,令我们产生负面情绪。

　　可是,为什么我们很容易被负面情绪吞噬呢?因为思维模式决定了我们在遇到负面事件的时候,只能看到负面,并将它无限放大,然后盯着它。此时,其他的所有正向体验就被自动忽略了,而且我们还会升起一种情绪——只有我是这样的,我是最差的,别人都比我做得好。

　　·我不知道如何和自己相处。

　　→别人都知道怎么和自己相处?别人都很喜欢自己并享受着自己的生活?不是这样的。

·看见别人如此优秀，我的内心开始不安。

→你看到的大部分人其实和你一样，并不觉得自己优秀，他们也和你一样，觉得别人很优秀。比如，比你成功的人也许会羡慕你的年轻，比你拥有更多社会关系的人也许会羡慕你的轻松。

·我对未来感到迷茫，觉得自己毫无规划。

→对未来感到迷茫是一种正常的内心感觉。未来是不确定的，而我们是渺小的。大部分人对人生都没有特别的规划，即使有规划，也不代表未来就能做到，因为未来本来就是无常的。

·希望自己快点喜欢自己，变得更好一点，变得更成熟、可靠、理性。

→我还是要说，大部分人其实都和你想的一样，希望自己变得更好，因为很多人都会和你一样盯着自己做得不够好的地方。我们不是因为自己变得更好了才喜欢自己的，喜欢自己不需要条件，喜欢自己最大的考验正是当下。如果你不喜欢现在的自己，以后也很难喜欢自己。

上面的内容算不上对提问的正式回答。我想表达的是，每一个提问都是负面思维，而这种负面思维将自己"特别化"了。提问者不假思索地设定了"别人都做得比我好，都没有这个困扰"的前提，觉得只有自己是最差的。这也是一种特别，是最差的特别。

每一个提问的背后都有一个"应该"标尺。提问者已经设定了"生活应该是有规划的""自己应该是成熟、可靠、理性的""我应该做到优秀""我应该懂得和自己相处"这些标尺。

提问者先用"负面特别化"将自己放在"比别人都差"的 0 分状态，然后又用各种"应该"标尺要求自己做到 100 分状态。

我不是好到特别，就是差到特别。当我好的时候，我觉得全世界我最优秀；当我陷入自我怀疑时，我觉得全世界我最差，所见之人都比我好。

这种思维是偏执的、极端的，是婴儿般的思维。

实际情况是，我们都是普通人，不会好得特别，也不会差得特别。我们各有各的困扰和缺点，你有的问题别人也会有。

成长是什么？成长就是意识到自己和别人没有什么太大不同；自己的优秀也不是那么独一无二；自己的困扰其实也很普通，自己不会差到极点，也不会好到极致。

这就是我常说的"我不会是 0 分，也不会是 100 分"。

3

很多人其实很难待在"普通"这个位置。

弗洛伊德认为，人的终极焦虑是死亡。荣格认为，认识到自己是一个普通人，代表人格趋于完整。将两个观点结合，我想可以这样说：为什么我们总是在 0 分和 100 分这两个极端切换呢？因为一个人将自己定义为"最差"，亦是一种特别。而特别带给我们的是"不会消亡"，特别感让我们觉得自己可以战胜死亡。

幻想自己很特别，是我们应对死亡焦虑的本能方法，因此我们的思维模式就会全方位配合这种特别感。

我们给自己设置了一套完美标准，在我们的内心深处，完美标准会帮助我们面对死亡焦虑，因为完美就意味着特别。而如果要活在"我足够特别"的幻想里，你对自己的要求就不能处在 0~100 分的中间状态，你必须达到 100 分的状态。如果达不到，你就会体验到一种死亡般的恐惧——如果我不够特别，就会消失。

只有认为自己每次考试肯定都能考 100 分的极优生，才会在考试考了 80 分时觉得天塌下来了。而那些觉得自己本来就应该考 50 ~ 70 分的人，拿到 60 分的成绩，也不会有"我很糟糕"的感觉。

一个人为什么会觉得自己糟糕，满脑子负面思维，心中充满了"别人都好，只有我很差"的自卑感呢？

因为他在潜意识里已经制定了自己的标准，那个标准是理想化的极优生。这种理想化让他觉得自己很特别。他不能轻易接纳自己考 60 分，那样他就成为一个普通人了。所以一旦考试失利，他就会沉浸在对自己的强烈否定里，因为他想维持住对自己的理想化标准。

一个人要改变对自己的否定和指责，就需要能够成为一个普通人。即荣格所说的"人格的完整"。

接受自己是一个普通人的前提，是我们对死亡不再那么焦虑和恐惧。在我们的日常生活中，我们并不会时时刻刻将对死亡的恐惧意识化在大脑里，而是转换成追求存在感，因为我们害怕自己泯然于众人。

这就是很多人在受挫（全能自恋幻想被打破）之后，会开始思考活着的意义、自己存在的价值等命题的原因——我们不再是绝对的优秀了。这时，为了逃避终将死亡的恐惧和焦虑，他们会开始拼命找存在感。

如果你的父母已经接受自己是一个普通人，并能快乐地生活，即父母已经摆脱了对死亡的焦虑，人格成熟完整了。那么，你在这样的养育里，就能自然地接受自己是一个普通人的现实。如果你不完美也仍然被父母接纳并爱着，你就能心安理得地接受自己是个不完美的普通人的现实。你在父母的爱里找到了安全稳定的存在感，这可以帮助你对抗源自死亡的终极焦虑。

也就是说，如果你足够幸运，你就不用要求自己完美，不用设置"应该"的标尺，你可以安然地拿五六十分。你不需要特别优秀，当然也就不会因自己的不优秀而陷入自责。但是，这样的原生家庭和父母极少。

现实状况是，也许你父母的原生家庭比你的还差，他们比你还匮乏，比你还弱，他们一直活在婴儿般全能自恋的极端幻想里，并且将这个幻想投射给你：你应该是一个最优秀的孩子，否则，你在我们眼里就是糟糕的孩子。

如果你的父母幻想自己是完美的（实则是人格还没整合），那么他们生育了孩子，自然就会幻想这是个完美优秀的孩子，不可能去接受真实的孩子（不完美和普通）。这会导致他们的全能自恋幻想破灭。

以上都是父母的潜意识。你要改变他们，让他们接受你是一个普通的孩子，接受你并非全能，不再投射那些自恋幻想给你，增加你的内心负担。父母做到这些的前提是，他们的人格在晚年还能突破固化的模式，接受自己是一个普通人，完成大半生都没有做到的整合。

但是，你比他们幸运。你在看这本书，你能问出这样的问题，就说明你在思考。你在对待你的孩子时，就会开始怀疑自己是否做得对："我是在投射我的自恋幻想给孩子吗？还是我可以接受因为我自己是一个普通人，所以养育了一个普通的孩子的现实。"

如果你的孩子在长大的过程中，拥有了人格成熟的父母。那么当你的孩子到了你这样的年纪时，就不会再去问这样的问题。他会喜欢普普通通的自己，会自我接纳。下一代人实现了成长。

用代际的思想去看待成长，虽然此刻你的困扰如此强烈，但它正是推动下一代人成长的重要跨越。

就如同我在咨询中对来访者说的。当她哭完崩溃后，骂过自己的原生家庭，正视了父母的匮乏和对他们的恨意后，我都会说，你能看到这一切就已经是巨大的跨越了。因为你看到了这一切，觉察了你和孩子之间的关系，你比你的母亲进步了太多，所以你的孩子就能得到更多的爱和更好的养育。

到了第三代、第四代，这种创伤会慢慢愈合，人格继续向前发展，而你此刻所做的就是其中重要的一环。

我们永远无法做到特别完美，但是大家可以从上面那段我和来访者的对话里，看到当下的意义：让你倍感辛苦糟糕的此刻，是发展成熟强大人格的一环，是成长的必由之路。

你在看这些文字，在做出你的挣扎和努力。你虽然陷入痛苦，但仍提出问题，进而思考，你会离真相越来越近。

你也许没有一个好的原生家庭，实际上大部分人也都是如此。这不只是你要做的功课，是大部分人都要做的功课。

努力成为自己成长路上新的原生家庭，做自己的父母。一个接纳了自己就是普通人的父母，一定会爱一个普通的孩子。

重要的不是我们要变得更好，而是我们如何去看待此刻的不够好。

/05

用内疚来控制，那不叫爱

1

在理解原生家庭时，有件重要的事，那就是想要看到真相，就不要带着理想化的色彩去看。

带着理想化的色彩去看，可能是你的防御——因为你害怕看到那些真实的东西，所以把真实的东西理想化了。比如，父母为你所做的牺牲，究竟是爱，还是在满足他们自己？

判断这个问题其实很简单，就像我说了很多遍的话一样，"不要回报才是真正的爱"。我们总是理想化地认为父母对我们的爱不需要回报，他们的无私奉献单纯是为了让我们过上更好的生活。

如果真的是这样，那么在无条件的爱里，你为什么会感到如此内疚？你为什么那么害怕令父母失望？为什么无法开口说出令父母不高兴的话？为什么一旦对父母有了情绪你就会非常自责？

我想说，在原生家庭里，那些看似完美的奉献型父母并没有做出真正的牺牲，付出无条件的爱。

你能够不理想化地看到这一点的好处，是不会再被这种爱压得喘不过气来，没有那么多内疚，也不再需要为了报恩而勉强活成父母想要的样子。坏处是你得放弃"被他们无条件地爱着""你在他们的世界里是绝对的中心"这个幻想。

这样一来，你便完成了与父母的分离，从此可以坦荡地待在普通人的位置上，活出你自己。

2

也许你的生活里有以下场景。

小时候家里穷，你吃着甜甜的苹果，妈妈不吃只看着你吃。那时的你还不知道"内疚"这个词，只知道"我要听妈妈的话，做个好孩子，只做妈妈喜欢的事情，我要让妈妈快乐，因为妈妈好伟大"。

你长大了，成家了，甚至你的孩子都年龄很大了，苹果早就可以成筐地买了，而你发现，妈妈还是不吃，还是让你和你的孩子先吃。

这时，你体验到了内疚感，你被这种感觉折磨，你发现你无法表达和妈妈相左的意见，"妈妈好伟大，而我亏欠了她"。

你发现，你根本无法承受她的一点点失望。你常常觉得愤怒，却不知道愤怒从何而来。

如果你有勇气追寻真实，那就再往前走一步。你会看见，你愤怒于你不得不压抑自我："因为我的内疚感，因为我欠她的，我就得活成她想要的样子，不能令她失望"；而每当你希望妈妈不要控制你的时候，每当你因为妈妈越界而本能地气愤的时候，你又会愤怒于自己竟然如此冷酷和忘恩负义："妈妈为我做了这么多，我竟然对她不耐烦"。

你看见的真实就是，妈妈的这种行为并没有让你舒服，而是让你无法表达自己，被内疚折磨，活在亏欠者的感觉里，始终被妈妈控制。

而妈妈获得了什么呢？妈妈失去的是好吃的苹果，但获得了心理层面上的莫大满足。

我是一个比你道德感更高的人（我比所有人都高尚）；

我是这个家庭里最劳苦功高的人（我很重要）；

我是一个付出者（你们都欠我的）；

我从不为自己要求什么（你们要自觉地符合我的期待，不然就太说不过去了）；

……

通过这样的操作，妈妈只要坚持不吃、少吃或者最后一个吃好吃的，就能够获得以上种种优越的心理感觉，给自己带来极为良好的感受，还为以后要求你和控制你奠定了牢固的基础。

而那些话语，你应该也很熟悉吧。

你吃得太少了，为什么不多吃点呢？

你这样真让妈妈担心，你怎么能这样做呢？

你把自己搞成这样对得起我吗？妈妈这么多年舍不得吃、舍不得穿，就是为了你能过好啊！

妈妈还不能说你两句吗？这个世界上有比妈妈对你更好的人吗？

有人跟我说："我实在受不了了，我也不知道为什么爸妈一开口，我就很暴躁，也试过对他们不耐烦，但之后我又陷入内疚，在心里骂自己没有良心，是个坏人。"

我说："你暴躁是因为你愤怒，不是因为你坏。你还算好的，有的人连暴躁都不能，他们给自己下了禁令：绝对不可以对如此牺牲自我的父母不好，不可以在心里有不好的念头。他们在心里建了一座'坟墓'，埋葬那些令父母不开心的自我感受，埋葬那些自己想要的但是父母不喜欢的选择，甚至埋葬父母不喜欢的人生，只为父母的幸福而活。"

而父母总是停留在"我是完美父母"的人设里，并没有意识到孩子活得很不舒服。毕竟，如果一个人知道自己让别人不舒服了，那他就没有办法再拿自己做的事情当作获取回报的资本了。这就是大多数以内疚捆绑孩子的父母的真实情况。

对具有独立人格的人来说，只有平等的关系才能令彼此感受到自由。

什么是平等关系？在付出的层面上，简单地用数学概念来解释，就是双方付出的一样多，双方在关系中得到的也对等，互相都没有亏欠。

但是，因为双方的行为和量化标准都不同，所以这是无法具体计算的。

那么，在实际生活中，什么是平等的、不制造亏欠和内疚的自由关系呢？

那就是，你选择付出，但不将付出当作控制对方的工具，也不以要求对方的顺从作为回报。那么你"独立且出于你的喜好"的付出，就不会令对方在关系中成为你的亏欠者。这样的关系就是平等自由的。我们在这样的关系里就可以保持独立完整，坦然地维护自己的边界。

现在你可以问问自己，父母用对你的"无条件的爱"营造的是什么样的关系？

3

如果你敢于放弃对无条件的爱的理想化，就会看见父母从一开始就在无意识地发展一种关系模式：付出→令你内疚→我可以控制你→你永远都不能抛弃我。

他们以爱为名的牺牲和付出，将你牢牢绑在他们的世界。对很多自我弱小匮乏、内心自卑、依赖他人肯定的父母来说，这就是他们的救命稻草——只有让孩子亏欠自己许多，并不断增加这种亏欠，让孩子内心的亏欠感越来越强烈，自己才会感觉安全。

但是，有个道理连小孩都懂，那就是"如果你因为爱我而对我付出，难道不是要提供我需要的吗？难道不是要以我喜欢的方式来令我快乐吗？否则你这样的爱对我而言是什么呢？"

用内疚控制子女的父母，当然不可能问自己这个问题。他们会简单地认为，我的一切付出都是对你的爱。只有这样，这种相处模式才可能一直持续下去。

我的一位来访者最近也有这样的困扰。父亲住在她家，总会对她说一些听上去没有什么，但实际上充满控制的话。她说，哪怕父亲只是对她说："你快点去吃饭啊。""你多吃一点啊。"她的内心都会产生激烈的抵抗情绪。

我联想到她告诉我的小时候的场景：特别爱讲道理的严苛的父亲坐在饭桌前，其他人埋头默默吃饭的场景。

我对她说，你之所以愤怒，是因为现在的生活场景激活了你的回忆，在父亲对你的好的表象下，你是一个不被允许有自我的孩子，你必须遵守爸爸订立的一切标准。

现在，你的愤怒之所以这么多，是因为小时候积累了太多的愤怒却无法表达。

她说，可是我现在表达了反而会很内疚，我说了他几句，就觉得自己很坏，很糟糕。

你看，父母并不知道自己那些吃苦和奉献将孩子推到了亏欠者的位置，他们认为的"爱"并不能收获孩子的幸福快乐，只有他们自己会收获内心良好的感觉，以及拥有可以坦然控制孩子的权利。

如果你也被这样的事情困扰，可以看看下面这段话，并在心里说给自己听。

你的父母在家里构建了一个世界。在这个世界里，他们是绝对的好人、牺牲者和付出者，他们为你做所有事情，然后对你说你什么都不用做。

这样一来，在这个世界里，你就被放在了一个不那么舒服的位置，这是获得者、亏欠者、内疚者的位置。

他们可能从来没有意识到，你在这个世界里活得其实很不舒服。他们构建这个世界的目的是让他们自己舒服。他们在牺牲者的感觉里活着，是有快感的，是直接获益者。

也许你会问，为什么我的父母会这样做呢？为什么他们一定要活在牺牲者、付出者、可怜者的人设里呢？

因为一个没有自我的人，无法坦然地满足自己。

很多父母都是这样的，因为过去在原生家庭里没有得到爱的养育，再加上被自己的父母教育要"舍己为人"，所以他们无法真的承认"我"这个概念，也就是说，"我不能为我而活，也不能正当地满足自己的需求"。

对他们来说，这些现在看来再自然不过的事情都是不可以的。因为父母在自己还是孩子的时候，需求并没有得到满足，他们有了需求就会被自己的父母训斥，所以在他们看来，"我如果要为自己做点什么是很羞耻的"。

那么，他们应该怎么做才能维护自我呢？他们的自我意识会被压到潜意识里，如果要让自己感觉好一点，就要绕很大的弯。也就是说，这样的父母擅长的是控制自己的子女来满足自己，而不是直接活出自己。

子女因为被父母无条件地爱过，所以就被捆绑，成了永远的内疚者。他们会：

永远不离开父母（因为父母害怕被抛弃）。

满足父母的心愿（代替父母满足他们）。

活成父母期待的样子（补偿父母未能活出的那部分的遗憾）。

子女的人生几乎成了父母满足自己缺失的工具。

你不属于自己。父母一直投射内疚给你，将你牢牢地锁在他们的世界里，将你的生命当作他们生命的补偿，在你的生命里上演他们自己未能出演的剧情。

他们以爱之名吞噬了你的人生。

这就是为什么他们只是让你加件衣服，多吃点饭，你都会那么愤怒。因为他们确实还做了很多别的事，对你提出了很多别的要求，只是没有人觉察这些罢了。

4

好的父母会目送孩子离开。从孩子出生开始，他们就知道，这个生命借由自己而来，却并不属于自己。这种爱才是"不求回报的无条件之爱"。

只有在这种爱里，父母才能看到孩子这个独立的生命个体想要的是什么，而不是活在奉献的感觉里，看似在满足孩子，实则在满足自己。

我有一个朋友，她的儿子正值青春期，她最近和我有过这样一段交流。

这位朋友在儿子出生后就辞了工作，以儿子的一切为中心，现在儿子已经上高中了。

她给我发信息说："我觉得我要对儿子放手一些了，以前儿子和我黏得太紧，我也很黏他。现在他长大了，应该多出去玩、多交朋友了，我打算假期和他说'你别闷在家里，出去玩吧'。"

我回复了这样一段话："让他多出去玩、多交朋友，这种推他出去的力量并不够。不如你自己找到陪孩子之外你最想做的事情，去构建以你为中心而不是以孩子为中心的生活。你有了自己的生活，你的孩子才能坦然地、没有内疚地走向外面的世界。"

即使你的父母还做不到重新构建自己的人生，做不到让你心无挂碍地去探索你的世界，即使你还怀有内疚感，你也应该开始你的旅程。

毕竟每个人的生命都只有一次，不管怎样，这生命都应该属于你自己。

别再为你活得好而内疚了

1

你总是不快乐，可能是因为你在潜意识里不允许自己快乐，你有着这样一种心理原因——太快乐了，你会内疚。

我这样说，你可能一头雾水。下面说个真实的小故事。

我有个好朋友，十几年前她从家乡来到广州，做了空乘。她的收入比同龄人高，还能出国旅行长见识，后来与一个长得帅气、收入也不错的飞行员结婚了。她的一切都特别幸福美满，令人艳羡。

她告诉我，一感到开心，她就会给妈妈买东西。

"我就是觉得我妈这辈子挺不容易的，她以前过得不如意，年轻时感情不顺，也没能拥有自己想要的事业，我特别想补偿她。"

"那你要是没有给她买东西，会有什么感觉？"

"我会觉得特别内疚，真的，内疚得不行。"

你看，这不就是"太开心了，我就会内疚"的活生生的例子吗？而且我想，像我好朋友这样的人不止一两个，可能在看这篇文章的你也是如此。

如果我们没有接触心理学或者精神分析，那么我们多半不会思考行为背后的原因，而是直接给我们的行为找个意识层面的理由。

在上面的故事里，这个意识层面的理由就是，我是个孝顺的好孩子，我爱我的妈妈。因此，我过得好的时候，我肯定要让妈妈也过得好。

如果思考行为背后的原因，则一定会涉及潜意识和一个人内在的动力，即她产生了内疚感。内疚感就是精神分析里说的"动力"，由于内疚感这种力量的不断驱使，如果她不给妈妈买东西，她就会难受。如果不对妈妈付出足够多，只独自享受她的快乐，就会令她难受，是她的"超我"所不允许的。

2

　　我记得以前看过这样一篇文章，说年轻人给父母买东西，最希望看到爸妈高兴，而实际的情况却是，爸妈总是追着问："这个东西多少钱啊？""那么贵啊！你不要给我买了，这么好的东西我用浪费啊！我都这把年纪了用这东西干吗啊！你拿回去啊！"

　　上文说的这位朋友就比较幸运，她每次给妈妈买东西，妈妈都是真的开心。她给妈妈买贵的东西，妈妈用着开心；给妈妈报旅行团旅游，妈妈欣然前往。这样的妈妈有助于缓解孩子的内疚，她接受了孩子的好意，让孩子觉得自己的补偿是有效的，孩子心里就舒服了，不必再担心自己一家在海边度假时，妈妈在清冷的家里省吃俭用、孤独难过了。

　　可是，很多父母并不会这么做，因此孩子很难消除内疚感。

　　曾奇峰老师曾经用一个词组来形容这样的孩子的人格特点——"爽透不能型"。这个词组生动形象地说出了孩子在面对父母的"过不好"时，无法让自己"爽透"的心理。在太爽了后，他在潜意识里会害怕招致严重的报应和惩罚。

　　于是，孩子长大后明明可以爽了，却不得不和父母一起"不好过"。这样孩子才不会被巨大的内疚和俄狄浦斯情结中关于惩罚的恐惧压垮。

我有一个男性来访者害怕自己过得太舒服。比如，他明明可以在事业上发展得更好，可总在关键时候差一点，该发展的时候迟迟不行动。夫妻关系也有些问题，他说他总是忍不住去挑剔妻子，事后自己也能意识到问题，但往往控制不住自己，将好好的夫妻关系弄得剑拔弩张。

他是一个典型的被俄狄浦斯情结搞得不能让自己舒服、让自己快乐的人。为什么他不能像我朋友那样去用补偿来换回"我可以快乐"的自由呢？

答案是，他的父母没有自我，只一心要让孩子过好，从来不关注自己过得怎么样。他们自己的人生、事业、健康、夫妻关系一塌糊涂，唯独对孩子毫不吝啬地付出，并将所有期待都寄托在孩子身上。

他说，他妈妈现在年纪大了，除了买菜，从来不带钱出门。他妈妈总是给家人花钱，很少给自己花钱。

他给妈妈买了一个名牌包，妈妈隔了一年，从柜子里拿出来给他说："这个包我没背过，是新的，拿回去给你媳妇背，我用不上这样的包。"他要给妈妈钱让她存着，妈妈拒绝："我不需要钱，我要钱干什么呢？"

他父母的感情一直不太融洽，妈妈在夫妻关系里好像受了很多委屈，但是妈妈从年轻时就说："为了孩子们，我再难也不会离婚。"后来妈妈老了，也就不再提这件事了。

这里有很不对劲的地方。表面看，这样的妈妈是个好妈妈，她毫不利己，一心为孩子。但是，我们不得不说，这样的妈妈养出的孩子比那种可以把自己的日子过好的妈妈养出的孩子更难快乐。

妈妈过得那么苦，孩子怎么能太快乐？于是，孩子要快乐的前提是去补偿妈妈。但是，如果妈妈连自我都没有，她都不爱她自己了，孩子的补偿究竟往哪里用力，才有着力点呢？实际上，孩子的补偿根本给不出去。

这样的妈妈还有一个共同点——她们在人生中一直以受害者的人设生活。"我很苦"是她们在过去艰难生活中的通行证，因此她们无法将"我很苦"这3个字放下，然后享受人生，因为她们会觉得心慌。而且这样的妈妈一直在无意识地给孩子制造内疚感，当一个妈妈以很可怜的姿态出现在孩子面前时，孩子当然会感到内疚。

如果妈妈坚持不让自己过好日子，那么她同时在无意识地给孩子制造内疚感，这是为了防止孩子离开自己。孩子离开了，自己就没有价值了。

那么，孩子应该如何和这样的妈妈一起迈向幸福呢？孩子究竟要怎么补偿这样的妈妈，才能获得内心中"我可以快乐、成功、幸福"的许可呢？

3

和孩子共生的妈妈是没有自我的。无论自己的人生过得如何，她们都会一门心思地扑在孩子身上，自己怎么苦都可以。她们很"乐意"吃苦，甚至不习惯享受。

你无法补偿这样的妈妈，或者也可以说，你一直在用自己的人生补偿她。

实际上，你的妈妈其实对你有很多控制和期待，她的生命牢牢依附于你，她为你而活。于是你知道，令自己不对她内疚的方式，就是你也得为她而活。

你给她买什么她都不会喜欢，你给她报旅行团她也不会开心，她的愿望就是在你的身边，全方位地融入你的生活，在照顾你的过程中找到她自己的价值感。

这就是无自我的共生型妈妈最想要的生活，而这样你就无法拥有自己人生的主控权。你在她面前必须永远是一个需要她的孩子，这就是对她最好的补偿。

可是你愿意吗？

她用她的弱势、辛苦、付出将你牢牢地绑在身边，以完成共生，而你无论如何补偿都难以全部偿还，你无法完成和妈妈的分离。因此，你只能和妈妈在一起，永远做那个孩子。你只能斩断自己的翅膀，不去成熟，不去成功，不去飞翔。

这个补偿的代价太高昂了。因为无法补偿自己的父母，所以你"戳瞎双眼"，永远留在父母身边，和父母一起去体验那种苦，而不是独自去过你的快乐生活。

这一幕并不少见。

如果你读懂了这篇文章，也许你就会有所改变。

你知道了你是因为潜意识被俄狄浦斯情结所束缚，所以才会无意识地让自己不要太快乐，那么你现在就可以反向操作，去放心地快乐了。

为什么呢？因为我们了解了潜意识，就可以和它对话，和它辩论，不盲目被它带偏。

就像我对这位来访者说的："你的妈妈既没有意识到，她以这种方式对你付出其实是在阻碍你获得幸福，她也没有意识到，她和你共生的方式让你无法自由；她还没有意识到，她的不开心其实是由她的原生家庭和人格模式造成的。

"如果你的妈妈也来到了咨询室，听明白了你们的潜意识中发生的种种故事，那么她会作何选择？"

我想，很多父母如果意识到了这一切，他们会说："孩子，你去幸福吧，不要因为我过得不好而背负内疚。这是我的人生，而你的人生是属于你自己的。"

基于认知局限、人格模式及创伤，我们有很多控制不了的事情，父母也是。我们是矛盾的，父母也是。但是，如果父母有了清晰的认知，他们很可能并不是真的希望看到你内疚，他们希望你有力量与他们完成分离，潇洒地活出你自己，去快乐、去享受，做到他们在生命中未能做到的事情。

虽然人生有很多无奈和无法控制的潜在动力，但是，我们还有爱。放心去快乐吧！将内疚放下，告诉自己，这是你在替他们去活他们没有尝试过的人生。

别再过低价值感的人生了

1

在困扰我们的很多负面情绪中，有一种是关于自我认知的，它其实也是很多负面情绪的根源，那就是低价值感。

或许你看起来非常自信，用着昂贵的化妆品，背着昂贵的包，或者穿着当季新款的衣服，但如果你的内心充斥着低价值感，那么很多时候你就会像一瞬间被打回了原形的灰姑娘——他人不在乎的眼神，不及时的回应，或者无心的一句话，都会让你的心情降到谷底，更不要说遇到与期待不符，即使努力也无法改变的结局，那时你会觉得"我就是很糟，糟透了"。

相比糟糕的事情本身，这种糟糕的自我感觉才是真正压垮你的东西。

虽然你表面上看起来像是令人艳羡的公主，但在低价值感的拉扯下，你很容易回到阴暗的阁楼里。在那个阁楼里，你是一个不被重视的，被瞧不起的灰姑娘。

如果你想知道，为什么自己总是被这种低价值感缠住，首先你需要知道，缠绕自己的那种不自信的、卑微的低价值感是从哪里来的。

2

如果一个女孩在童年的时候，比如在 0 ～ 6 岁，在家庭里得不到她的养育者——爸爸妈妈足够的重视，没有得到爱的回应，在无视和冷漠里长大，那么这个女孩就容易形成低价值感。

如果她妈妈的价值感也很低，那么在潜意识的层面，妈妈觉得自己不够好的感觉也会传递给孩子。

我想先以女性举例，聊一聊低价值感可能产生的问题。

《论语》里有这样一句话："不患寡而患不均，不患贫而患不安"。

韩剧《请回答 1988》的主人公之一，是一个十八九岁的女孩，叫德善。

德善在过 18 岁生日的时候，从家里跑出去痛哭了一场。

为什么呢？因为从她 1 岁开始，直到 17 岁，由于她和姐姐的生日离得很近，因此她每次过生日都是和姐姐一起庆祝的。父母从来没有单独为她庆祝过生日，也没有单独给她准备过蛋糕和礼物。

德善的姐姐非常优秀，让父母引以为傲。德善不知道怎样努力才能得到父母的关注。而其实，德善也一直在努力，在 18 岁生日的前夕，她参加了汉城[①]奥运会礼仪举牌小姐的选拔，并成为全校唯一一个入选的女生，这是一件非常值得骄傲的事情，也是她花了很多努力取得的成绩。然而在她 18 岁生日时，父母仍然无视她说出的"我想要过一个单独的生日"的愿望，非要她和姐姐一起庆祝生日。

德善的委屈不是在一天中产生的，她在 18 年的人生里，一直累积着父母对自己的不公平的委屈感。

在这部电视剧中有如下这样一个场景。

---

① 汉城已于 2005 年更名为首尔。——编者注

当家里只剩 2 颗鸡蛋的时候,她的姐姐和弟弟都要荷包蛋,而这时妈妈总会一脸抱歉地看着德善。德善不忍心让妈妈为难,于是她就主动说:"不用管我了,我不吃也可以。"然后妈妈就把鸡蛋给了姐姐和弟弟。

一家人围坐在一起吃炸鸡的时候,鸡腿总被妈妈分给姐姐和弟弟,而她永远只能分到鸡翅。

德善在 18 岁的生日的时候号啕大哭,她说:"因为姐姐是姐姐,弟弟是弟弟,所以我要谦让他们。但是作为二女儿的委屈,谁懂呢?我以为我这样谦让着他们,我说'无所谓',我的懂事就会被爸爸妈妈看见,他们会因此喜欢我,然而并不是。"

"为什么就只对我这样?"这个疑问会伴随着不公平的对待回荡在一个人的心里。

当我们还是孩子的时候,对于这个沉重而悲伤的问题,我们唯一能得出的答案是"因为我不如别的孩子,因为我不够好,所以才会得到糟糕的对待"。

这就是低价值感的由来之一。

也许你的家庭只有你一个孩子，但是有的孩子是被父母关系排斥在外的，比如父母终日忙于争吵，根本顾及不到你；比如有的孩子因父母工作的关系，从小就生活在亲戚家，经历过巨大的孤独感和痛苦。

这些在养育过程中的糟糕经历，让孩子得出了一个结论：一定是因为我不好，所以父母才会离开我、无视我、残酷地对待我。

3

也许每一个有着低价值感的人，在童年都有着类似的经历。

也许你没有出生在一个多子女家庭，但是你一定体验过德善的心情——"我被无视了。""为什么你们要这样对我？"

当我们长大后，在生活中面对亲密关系和自我定位时，我们如果觉察不到自己正带着低价值感这种特质，就会被其影响。

很多时候，低价值感的人受到了别人的伤害，会很快归因于"我不够好"，而这种归因是不理性的。

我曾经收到一位读者的来信，她说在和男朋友相处的 3 年里，自己非常卑微。她帮男朋友做了很多事情，比如帮他买饭、洗衣服、处理生活中的琐事。但是，她男朋友仍然背着她跟别的女性暧昧，答应她的很多事情也做不到。有时候喝了酒，还会对她大呼小叫，只差大打出手。她说在这3年中，最强烈的感觉并不是对男朋友的愤怒，而是开始不断怀疑自己的价值。

什么样的人，在面对别人糟糕的对待时不会感到愤怒，反而会质疑自己呢？什么样的人会陷入自我怀疑的深渊里，甚至还会去讨好那个对自己不好的人呢？低价值感的人就会这样。

他们的内心想法如下。

童年版：父母之所以对我不好、不公平，是因为我很糟糕。我要做得更好，讨好父母，这样我才能得到父母的肯定、爱和尊重。

成年版：这个人之所以对我不好、不公平，是因为我很糟糕。我要做得更好，讨好他，这样我才能得到他的肯定、爱和尊重。

童年版和成年版想法的唯一差异就是，"父母"换成了"他人"。这就是童年创伤的循环，我们将童年和父母的关系放大成我们和他人、和这个世界的关系。

童年的遭遇已经构成了人格模式，成为自我的一部分，它就是每个人对自己的感觉。

还好我们可以觉察，可以质疑，因此我们可以改变。

在我看到读者的这封信时，我的第一个想法是，她为什么要这样去归因？

正常来说，我们遇到了一个人，如果他对自己不好，无论是在同事关系里，还是在亲密关系里，我们都应该先思考他是不是有他内在的问题。比如，他对我不尊重，是不是意味着他是一个不懂得尊重他人的人？他从来不顾及我的感受，经常伤害我，是不是意味着他是一个在经营关系方面有障碍的人？是不是意味着他不懂得去爱别人？

但是，在这个读者的来信里，我看到的是她把自己受到的所有伤害和委屈都归因于自己，是因为自己不够好，所以男朋友才会不爱我。

如果她能换个视角，发现自己归因的不合理，那么当她产生怀疑的时刻，便是觉察的时刻，是她不再完全被低价值感的阴影笼罩的时刻。

她一直关注着我写的文章。后来，她又在后台给我留言说，她慢慢觉察到，原来她在原生家庭里就是一个没有得到重视的女孩。

她的父母重男轻女，她一直无意识地认同父母。就像上文德善的父母在用他们的养育方式告诉德善的一样，她父母的养育方式也告诉她，"你是一个不重要、不够好、我们不在意的孩子。"

但是还好，她从低头埋在低价值感的洞穴里，习惯并纵容男朋友的糟糕对待，转而意识到"其实这就是在重复我父母的养育过程，父母对待我、看待我的方式，在我的内心留下了烙印，形成了模式。虽然很难，但是我会努力对自己好，爱自己"。

当她意识到自己的这种低价值感从何而来，以及她对自己的认同长期不合理时，她就可以推翻过去的认同。

对每一个人来说，这都是一种自我的改变和跨越。

4

如何应对低价值感呢？

就像电视剧里一位备受父母折磨的女性说的："一个人的家庭就是她的宿命。"

但是，假如你了解了家庭的真相，了解了父母对你的养育里有怎样的过往，对你的内在造成的影响是哪些，就可以重新去定义和构建自我。

方法一：你的内在会响起肯定自己的声音吗？如果有，要相信它。

"自我"有多个面，即使我们形成了一个不被父母重视的自我，在自我的其中一个面，我们是卑微的，是价值感很低的，但这不代表我们的自我里没有感觉良好、高自尊、接纳自己的那一面。

我们的内心总是充斥着很多声音。在内心的不同声音里，我们可以去分辨，去主动找到那个肯定自己的声音，你已经不是那个只能由父母的对待来决定价值的小孩了。

方法二：为自己争取更多的公平，这可以改善你的低价值感。

小时候，你没有能力为自己说话，你说的话也没有人支持。但现在你是一个大人了，在遭到不公平的对待时，就是你最佳的成长时刻。你可以尝试为自己争取。没有人必须为你负责，但是你为自己争取是理所应当的。

方法三：别提着灯笼去找自己不够好的证据。

很多低价值感的人过于敏感，容易受到伤害。他们不是在打着灯笼找一个证明"我值得被爱"的证据，而是在找一个"我不值得被爱"的证据。

一个缺爱的低价值感的人，往往格外容易受伤，因为他会将别人不经意的行为解读为"这个人不重视我"。这里也有一个不合理的归因，即将别人微小的行为和自己的低价值感连接上，表面上是在寻找别人爱他的证据，其实因为内心已经认同"他人觉得我不好＝我就是不够好"的公式，所以在关系里总是带着偏见去看待对方的一言一行。

如果一个人先有了"我很糟糕"的低价值感的结论，再打着灯笼去用放大镜找证据，那么他是一定能找到的。

5

最后，我想给大家分享鲁米的一首诗。

伤口，是光进入你内心的地方。

你正在寻找的东西也在寻找你。

你的任务不是去寻找爱，

而只是寻找并发现，

你内心构筑起来的

那些抵挡爱的障碍。

与原生家庭的和解，并不是原谅

1

什么是和解？和解不是原谅，也不是不再恨或重新去爱，而是接受和放下。

现在很多心理学书籍、文章、课程中都会提及"原生家庭"以及"原生家庭的创伤"。

我们知道，原生家庭的创伤伴随着我们的人生，参与了我们人格的形成，深深地影响着我们对于这个世界的感受和我们与生命的关系。

可以说在冥冥之中，原生家庭的创伤就是我们生命中重要的一部分，而很多人却很难接受关于原生家庭创伤的现实。

有不少来访者问我：为什么只有我出生在这样的家庭？为什么我被父母这样伤害？为什么我因为被父母伤害而成为这样一个

自卑、低价值感的人？为什么在被原生家庭伤害后，我形成的关系模式让自己在亲密关系里也如此失败……

我从他们的问题中感觉到了悲伤。但除了悲伤，我还发现他们的内心充满了"这不公平"的感觉，他们为此愤怒不已，觉得无法改变自己的关系模式，无法摆脱原生家庭的影响，这令人绝望。

但我想，在所有原生家庭引起的负面情绪的背后，都有一个我们自己预设的前提，那就是我们可能把人生预设得太好了。

怎么解释呢？我们如果将人生预设为完美的、快乐的、没有缺憾的，我的亲密关系是好的，亲子关系是好的，工作是好的，事业是好的，自我成长的部分也是好的，那么，低于这个标准的人生便都是糟糕的、不成功的、不能被我们接受的。于是，我们才会更难接受原生家庭对我们造成的影响和伤害。

有一句话说得好：没有没问题的原生家庭。

我们可以思考一下，你的原生家庭是父母带来的，但是父母的原生家庭又是他们的父母带来的，如果你的爷爷奶奶、曾祖父母的生活环境比你的还要糟糕，他们更没有安全感，有更多的焦虑、失去和未被处理及看见的创伤，那么你的父母如何给你提供完美父母的功能？

你的父母之所以没有很好地发挥父母的功能，是因为他们自身难保，这也是这个世界上大多数原生家庭的现状。

这个现状也许令你感到悲伤——人生原来是这样的。

那么在这一刻，你可能就会放下对"人生必须完美"的期待，可以带着悲伤的感觉去接受"人生是苦乐参半的，甚至是苦多于乐的"。

2

心理学不只是为了让大家都知道这样一个悲伤而无奈的关于人生的现实。我们多了对人生的真实理解后，就能降低对很多事情的期待，甚至放下那些"非要如此不可"的执念，这种内心的松动于人生而言是一种宝贵的解脱。

心理学中有一个非常重要的情绪 ABC 理论——你看待一个事物所产生的感觉，是由你看待它的角度决定的。

那么，如果人生是苦多于乐的，那我们体验到的就真的只有苦吗？这里还有巨大的思考和操作空间。

我们固然不能选择自己的原生家庭，但是我们可以改变一些东西。

我们常说的"觉察"，其实就是改变情绪 ABC 理论中的 B。

A 是发生的一件事情，而 C 是这件事情引发的我们的情绪，以及我们给这件事情下的定义和我们的感受。

B 是我们内心的信念体系，是我们看待事件 A 的方式，也就是如何理解 A，以及用什么样的内在系统去处理 A。情绪 ABC 理论认为，B 如何看待和处理 A 决定了最终的 C 是什么样的。

我们知道了原生家庭的问题，也有了很多的觉察和思考，就能去改变 B。

人生究竟是苦多还是乐多？这取决于我们的 B 是怎样的。

举个例子，不管你的 A 是什么，不管你在现实中得到多少分，达成怎样的目标，如果 B——你对自己的期待——特别高，那么你得出的 C 肯定是不开心、不快乐的，因为"我没有达到期待"。

再举个例子，在亲密关系中，男女在热恋期之后热情一定会退减，这是自然而然的，跟他爱不爱你没有关系。那么，当热情退减的时候，原生家庭带给你的 B——低价值感和自卑——就会显现出来，让你觉得所有人都不会真的爱你，对方一定会离你而去。于是，当对方对你的热情退减，对你没有那么上心了，拥有原生家庭带来的 B 的你，就会自然而然地得出一个结论 C——他一定不爱我了。

这个结论是真实的吗？

假如我们调整了 B，不再觉得自己是一个很糟糕的人，认为自己值得被爱。那么也许我们得到的 C 就是完全不同的，我们看待另一半的感觉也会发生改变。比如，他最近变得很忙，无法像以前那样可以随时回你信息，如果你调整了 B，就会产生一种理解——"不是我不好，而是当我们的关系稳定，彼此更信任对方的时候，热情在自然地退减，他的这些行为是正常的"。

这样看来，即使发生了同样的事情，但因为你有了不同的 B，你的感觉就会完全不同。所以，"人生是苦多于乐还是乐多于苦"取决于 B，是可以被塑造和改变的。

3

无论是在咨询中还是在生活中，常常有人问我，人生的意义是什么？我想，原生家庭其实是和我们的人生意义相关的。

人生最终去往哪里其实是既定的，我们最终都会走向死亡。

因此我认为，相比最终去往哪里，人生更重要的是，我们需要知道：我们是谁？我为什么会在这里？那些塑造了"我"的种种过去，背后的真实究竟是什么？

我常常和他人开玩笑："我们来人世间一趟，如果连自己是谁，为什么这样活着都没有弄明白，就离开了这个世界，那有点儿太亏了。"

我觉得理解原生家庭这个词，看见原生家庭的创伤，是一件与我们的人生意义相关的事，这是人生的重要之路，是我们在寻找我是谁，我为什么在这里，还有这些发生在我身上的故事如何而来的必经之路。

我们要去看到自己的原生家庭甚至父母的原生家庭是什么样的。当我们看到了这些部分之后，我们对于"我是谁""我为什么会成为今天的样子"以及接下来的问题——我人生的后半程要怎样走，就会有不同的答案。即使终点一样，我们也要选择清醒地走。因为那样，我们至少在过自己的人生。

4

我想用一个真实的故事来诠释什么叫作与原生家庭的和解。

这是 Z 女士的故事。

Z 女士的妈妈是多子女家庭的二女儿，她有自恋型人格障碍。这让 Z 女士的童年过得很辛苦，尽管 Z 女士是独生女。

患有自恋型人格障碍的人有个特点，就是他们在生活中看不见别人，只能看见自己。在 Z 女士小时候，她妈妈就从来没有看见过她，她妈妈只能看到她自己想看到的部分，比如她只关注孩子在学校的表现优不优异、有没有从学校拿回奖状、有没有得到表扬，因为这一切都可以满足妈妈的极度自恋。

Z 女士的妈妈也看不见自己的丈夫。在 Z 女士的童年里，父母总是发生激烈的争吵，妈妈时而义愤填膺地说爸爸是个坏人，时而又极度悲惨地在女儿面前诉说自己的悲苦。

这一切充斥着 Z 女士的童年。

Z 女士的妈妈从来没有问过她："你觉得怎么样？""你喜欢这件东西吗？""你开心吗？""你累吗？""你难过吗？"这些问题，因为她的妈妈不需要女儿的回答。

在 Z 女士 30 多年的人生中，她的这位患有自恋型人格障碍的妈妈从未真的想知道她怎么样，因为她妈妈没有看到别人的能力。

当然，这个答案也是后来 Z 女士学习了心理学，接受了很久心理咨询后才得到的。

背景说完了，下面是故事场景。

有一天，Z 女士约妈妈出去吃饭。二人挺长时间没见了，她们不咸不淡地聊着天，而所谓的聊天，其实就是妈妈在说，Z 女士在听。

Z 女士的妈妈突然问了一个问题："如果有下辈子的话，你还愿意跟我做母女吗？"

Z 女士说，时间在那一刻突然凝固了，周围的世界好像消失了。她的第一反应不是思考怎么回答这个问题，而是拼命忍住眼泪，她的泪水在那样一个喧嚣嘈杂的场合突然就无法控制地夺眶而出了。

在 Z 女士的记忆中，这是妈妈第一次问她"你会怎样"的问题，这是一个开放式的问题，一个妈妈真的想从她那里听到答案的问题。

妈妈真的想要听到自己的答案——这是 30 多年来自己从来没有过的体验。在 Z 女士的记忆里，妈妈永远都觉得自己是全天下最好的母亲，她永远不可能看见自己的问题。

接着，Z 女士的妈妈说："在你小时候，你曾经说过，希望我和你爸爸把你送到别人家生活，你还说你要去一个富裕的家庭，可能你是觉得咱们家的条件不够好吧。"

Z 女士忍住了眼泪，回答了妈妈："我记得这件事，我的确说过这样的话，但是我跟你们说请把我送到别人家生活，不是我想要去富裕的家庭，而是我真的想要被别人领养。因为你和爸爸总是吵架，那种要毁掉彼此的感觉让我太害怕了，这是当时的我没法承受的，所以我想走。而且你们总说因为我才无法离婚，我想我走了，你们就可以离婚了，离婚了也许你们就解脱了。

我之所以说要去富裕的家庭，只是因为我觉得经济能力比较好的家庭可能有更多的余力来爱我。我虽然年纪小，但是我既不想成为别人的负担，也不想成为你们的负担。"

Z女士对我说:"我从来没有想过在我的人生中,我和妈妈能有一次这样的对话。我曾经幻想过我能对妈妈讲出这些话,但我知道这是不可能的,我找不到契机。我真的没有想到,在那一天,在那样一个场合里,妈妈竟然问了一个真的想听到我的答案的问题。"

我想在那一刻,在那个短暂的瞬间,有自恋型人格障碍的、从来都看不见孩子的母亲,看见了孩子。

过了几天,Z女士告诉我,那天的对话并没有结束,后来她给妈妈发了信息,回答了她妈妈的问题:"如果有来世,我真的想找一个比你更好的妈妈,但我也想对你说,我知道你已经尽力了。"

这就是一个关于和解的故事。和解并不是指我们能够解决所有问题、填补所有缺憾,也不是我们能重新觉得对方就是完美的,就是我最爱的那个人。和解是我们真实地面对自己、过去和原生家庭。是哪怕只有一瞬间,我们也能看见和接受关于父母的真实。

自此,我们不再互相亏欠,也不再期待被弥补。接受与放下,是为和解。

第三部分

不讨好的勇气

别人看到的你，是透过他内心的"滤镜"看到的，
即他从原生家庭里塑造的模式
以及他的父母投射给他的理解世界的方式。

遗憾的是，有的人的"滤镜"是偏执扭曲的，让他从来看不到真实；
有的人内心充满负面情绪，看不到美好；有的人对他人极为苛刻，
不懂得什么叫作接纳。

你要和他们纠缠吗？

不需要，做自己就好。

为什么拒绝别人让你那么难受

1

很多人发现自己不能拒绝别人。一旦拒绝别人，就会非常内疚。其实这种内疚是很久以前父母放在我们心里的内疚。

举个例子。我的一位来访者 A 小姐告诉我，在她老家的县城里，能够被父母一路支持读到大学的女孩非常少，但是她和妹妹从小就被父母坚定地往读书的路上培养。父母一再说"不管我们有多么艰难都要供你们一直读下去"，实际上父母也做到了。这样的父母的确是不错的父母。

然而，在父母的养育下，A 小姐从"获得"开始，就背负着极强的亏欠感和内疚感，她在人生里负重前行，无法坦然去享受自己的人生。

她的父母除了做出供她们姐妹读书的决定，还常常说："我们非常辛苦地操劳，才能将你们供到这一步。""你看咱们这里的女孩都只能读到初中，再想读也读不了，而你们多么幸运。""所以，你们一定要好好读书，不然就太对不起爸妈了！"

从那时起，A小姐就成了一个亏欠者。

在她和父母的关系里，父母是值得歌颂和同情的牺牲者、给予者，而作为孩子的A小姐，她的生活依照父母的喜好被安排得明明白白，她的价值观也必须和父母一致，父母的道德也成了她的道德。

她是一个比同村女孩都幸运的既得利益者。这份幸运是父母排除万难给予她的，她得到了，但因为她的获得建立在父母巨大的付出上（在父母的渲染里），所以她就是个亏欠者，并为此内疚不已。

这份内疚和亏欠在经年累月的家庭生活里，在父母日复一日、年复一年的坚定投射下，被A小姐认同了，成为她的道德和信念。父母将"因为你欠我们的，所以你不可以令我们失望，必须满足我们的期待"这种思想成功嵌入她的内心深处，成为她的信念。

于是，A小姐内化出了一个强烈得挥之不去的声音："我欠他们的，我不可以拒绝他们，我要满足他们，回报他们，令他们高兴。"

只有如此，A 小姐才能从极大的心理负担中稍微感到松快一点，在松快的时候，她才觉得可以做自己，为自己活那么一小会儿。

接下来的事情我们也许可以推想，如果一个孩子像 A 小姐那样长大，那么从孩子认同了父母嵌在自己心中的那份沉重的内疚感开始，他会以和父母的关系为参照物去发展他与别人的关系，这是他小时候形成的人格模式在影响他在所有关系中的潜意识感受、选择和行为。因此，这个孩子会像无法拒绝自己的父母一样，无法开口拒绝生活中的很多人。

当对方对他有期待的那一刻，他就会无意识地进入和小时候一样的情境，在这个类似的情境里，拒绝会令他感到无比内疚，觉得自己是个没有良心的人。这种必须满足父母所有期待、必须和父母的思想保持一致、不能发出自己声音的想法，对他而言已经构成了一种强迫模式。

于是，在他的意识里，会觉得拒绝对方是绝对不可以的，挑战父母的观念也是不可以的，毕竟"拿人家的手软"。这个观念，剥夺了我们主导人生的权利。

A 小姐的爸妈虽然给了女儿读书的机会，让她从小地方考上了不错的学校，毕业后去了不错的公司。但与此同时，他们也剥夺了 A 小姐为自己而活的权利，并将自己的观念强加给 A 小姐，剥夺了她在自己的世界里拥有自己判断的权利。

在 A 小姐的生活中，她的每一件事都以家庭、父母和他人优先。她不敢选择她喜欢的专业、工作以及其他很多东西。她活着就是为了满足对她有付出和期待的人。满足父母、丈夫、婆婆、孩子，还有同事、朋友，甚至一些陌生人。

一个无法拒绝别人的人，会慢慢被他人侵蚀自己的边界，他们需要不断消耗自己的能量去令周围的人满意，甚至从一开始就无法为自己而活。

他们的愤怒和攻击性都被深深埋藏在内心，因此，他们不得不为那些无法说出口的拒绝勉为其难地付出，还要为压抑的攻击性买单。要么用自己的身体，要么用自己的精神。

常年这样活着，让 A 小姐十分痛苦。

后来，她走进了咨询室，希望找到为自己而活的办法，找到理由，让自己不再只做亏欠者。

2

有时候，不敢拒绝他人的人，可能会呈现另一种样子。不是太过柔弱，而是过分强硬。

一个特别害怕拒绝别人的人，如果为守住自己的边界而去拒绝别人，可能会变得令人无法理解，看起来很冷酷，甚至很有攻击性，常常表现出拒人于千里之外的样子。

我的一位男性朋友其实是个很不错的人，朋友们都觉得他温和，也愿意帮助别人。

但是，他的妻子说他脾气很不好。他的妻子有一次和我抱怨说，每次和丈夫说起一些小事，比如能不能在回家路上买根孩子今晚要用的跳绳之类的事情，丈夫总会冷漠地拒绝她。

"其实他可以好好和我说他不顺路，或者加班要晚回家。我接受不了的是他拒绝的语气和态度，好像突然变了一个人，又冷漠又强硬。而且当他回家后，我和他沟通说他刚才说话不应该用那种态度，他就会很愤怒，还会指责我不应该在那个时候找他帮忙。拒绝我没有关系，但是搞得我好像要他帮忙就是错的，我很委屈。"

问题出在哪里呢？

在妻子眼中，我的这位男性朋友是一个好爸爸和好丈夫，他为家庭做了很多事情。但妻子就是不明白，对于那种小事丈夫为何会有如此大的反应，不能平静地回答"好，我来做吧"或者"我去不了，我有事，你想别的办法吧"。

如果联系 A 小姐的故事，也许我们就能找到线索。

一个从小就不能去拒绝付出者的亏欠者，没有也不可以有自己的边界，之所以他们在生活中总是默默配合他人，是因为他们根本无法正常地、理直气壮地表达自己。

如果他要表达自己呢？那么他必须找到一个理由，那就是"不是我不满足你，而是你很过分，你是错的！"而且他必须以一种很激烈的方式去捍卫自己的边界。这是因为在他的童年生活里，他不断被父母投射的就是"我们要求你做的事都是理所当然的，你不能做不到，如果你做不到那就太对不起我们了"，这是一根道德的绳索，绑住他让他无法活出自己的意志，只能活在父母的意志中。

所以，当这个人不想要去做什么时，他不可能只是站在自己的边界里，平静地对对方说："我不能满足你。"因为一开始他就没有自我，也没有边界，父母用付出把他变成了父母的一部分。

在后来的关系里，他也仍然不会做自己。

他要想不去满足对方，就必须对自己证明"对方是个坏人，对方是错的，对方的要求特别过分"。证明了对方的坏，他才能拒绝对方，因为如果对方是好的，就像父母一样，那么拒绝就会令他觉得自己犯了很大的错。

虽然这位男性朋友的妻子不会因丈夫在这种事情上的拒绝就觉得他是个自私的人，但丈夫活在妻子看不见的框里，有很多妻子看不见的纠结。他无法理解妻子说的"如果你不想买，或者你刚好有事来不及去，只要平静地说出来就好了，我也不会不高兴"。

他的潜意识和现实是分离的。他意识不到妻子不会像父母一样要求他，一旦生活中有人像父母那样对他提出期待或者要求，而他当时又的确不想做，或者他已经沉默地配合了对方太多次，他就会采取愤怒反击的方式去捍卫自己的边界。他无法用平静柔和的方式来表达自己。

也许我们可以这样理解，他的自我被埋藏得太深，而且要将自我表达出来，他就得和自己内心认同了的父母投射的信念对抗，那个根深蒂固的信念循环着一个声音："你拒绝期待就是坏的，就是令人失望的，就是错的，因为你天生就是一个亏欠者。"

他要艰难地和那个声音对抗，因此，他往往呈现出攻击性的、愤怒的姿态，这样才能呐喊出他自己。

3

我有一个来访者，我在刚见到她的时候，觉得她是一个特别高傲的人。

她说她在公司里几乎没有朋友，别人甚至不会主动找她说话，也不敢找她帮忙。

但是，随着咨询的推进，我发现这只是她的一种防御方式，是她试图保护内在的"无法拒绝"的脆弱自我的一种方式。

后来，她说，如果有人看穿她的内在，或者根本不理会她的冷漠，一直央求她帮忙，即使是不那么熟悉的人，她也无法拒绝，"我真的就只能答应对方"。

她还说，她其实是个被别人的期待捆住的人。

有一次，她很开心地告诉我，她坚持骑电动自行车上班，虽然她的丈夫特别不放心，试图阻止她这样做，但她还是坚持了自己的决定。她对于自己能够这样坚持很兴奋，我们都知道，这是一次新的尝试和进步。

我对她说："所以，这是你做自己的开始，对吗？"

然而她的回答是："不，我没有觉得我在做自己。我其实一直被家人的要求紧紧捆住，我能够做到坚持这件事，只是想有一点点自由呼吸的空间，让我被捆得不那么难受。"

这段话久久回荡在我的耳边，让我更加理解，那些不能为自己而活、从一开始就是亏欠者的人，究竟处在怎样的挣扎里。即使表现出攻击性和愤怒，对他们而言，也不过是漫长忍耐中的一声呐喊，而不是真正的推翻。

对有些人来说，认识到每个人的生命都是属于自己的，需要走过一段很长的路。因为从一开始，他们的生命就属于父母。他们认为自己是父母的负担，是天生的亏欠者，所以他们的人生更像是一段还债的旅程。

我写下他们的故事，是希望和他们一样的人能够看到自己、理解自己，并且告诉自己"亏欠感其实是被制造出来的，并不是事实"。

在当时的时代背景和环境下，父母生下了你并选择了某种方式来养育你，无论是供你读书，还是为你做了种种付出，这都是父母的选择。无论是痛苦的还是快乐的，都是他们基于自己的考量和自我状态做出的选择。

既然这一切都是父母的选择，那么他们理应去承受选择的代价。

但是，很多父母将自己的选择美化，以牺牲的方式将自己选择的代价加诸他人身上，这是不合情理的。他们意识不到的内心独白其实是："因为我很弱，我拥有的太少，所以，我的选择必须变成有回报的好的选择，那么这一切的代价都应该由你来承担。你要做一个好孩子，符合我的期待，接受我的控制，替我活出我的人生，才算对得起我的选择。"父母之所以将自己要承担的事情硬塞到别人身上，其实是因为自己无力承担自己的人生。

这样的父母和孩子没有"我与你"的界限，他们觉得孩子是属于自己的。我对你付出，你要回报我。我以我的付出，绝对控制着你的人生，这样我才觉得自己活得有盼头、有安全感。

只有看到我的选择在你身上产生的效益，我才觉得自己活得值。

被这样的父母投射的孩子犹如被五花大绑。所谓的做自己，其实只是在被捆绑的间隙说服自己，让自己稍微透口气。

正常的父母应该是怎样的呢？他们应该是有边界的，并且会为自己的选择负责。

"我选择了这样对你，但是你要如何去做，如何过你的人生，我是不会强求的。因为我再怎么对你好，也不能控制你，不能占有你的人生。你不需要担心会辜负我，因为我们之间不存在辜负。我对你的付出是应该的，因为我是你的父母。"

这是有边界的爱，是有担当的选择。如果要加上一个道德层面的评判，我觉得这才是高尚和强大。

如果你被别人的付出拖进了名为"内疚"的无底洞，或者掉进了"我必须满足别人"的死循环，那么，请你好好想想，在你的人生里究竟谁是好人，谁是坏人？什么是真正的高尚？什么是伪装的不求回报？什么是以爱之名，却以脆弱和匮乏为由进行占有和捆绑？

当我们这样去理解爱，我们就会看到爱背后的阴影。这确实不够美好，但是走出了虚幻，才能迎来真实。

面对隐形攻击，你可以不忍

1

　　能在生活中适度表达自己攻击性的人，可以活得更舒畅。

　　弗洛伊德曾经说过，人的行为受 2 种因素的驱动，一种是性驱力，另一种是攻击性。性驱力这种说法后来被很多人质疑，也曾经被颠覆，而人的行为受攻击性驱动这个观点则被越来越多的人认同。

　　攻击性是我们的本能。在生活中，我们每个人或多或少都会在某个方面对他人进行攻击。可以这样说，"攻击"并不是一个负面词语，也不是一件违背道德的、特别糟糕的事情。它非常普遍而又正常地存在于关系中。

　　曾奇峰老师举过一个例子，他说，一个班级里有 60 人，那么考了第一名的人就攻击了其余的 59 个人，因为其余的 59 个人考得都没有他好，这是一种攻击性的象征化表达。

而在生活中，可以说一个成功的人攻击了其他不够成功的人，一个人在道德层面的高尚攻击了其他没那么高尚的人，一个人的大度和包容攻击了其他无法做到大度包容的人，一个自信的人攻击了那些做不到像他那样自信的人。

2

我想讲一个真实的故事。我的朋友 D 有一段时间被"攻击性"这个问题深深困扰，她和我说了一个情景。

有一次她参加了一个小型的朋友聚会，他们在聊一些日常话题。D 很开心地跟朋友们说："我在国外玩的时候买了一个二手品牌包，花了几千元，我很喜欢，也觉得很划算。"而在场的另一位朋友 H 马上说："你花几千元买一个二手包有什么可高兴的，我看你还不如多花点精力去延续下一代呢，你结婚 3 年了还没生个孩子，你也不着急！"

你听到这句话有什么感觉？

我们既可以说 H 的表达是关心 D 的，也可以说她是有攻击性的。

作为 D 的朋友，D 结婚 3 年没有生孩子，H 没有关心她的婚姻是不是有问题或者夫妻二人的身体是否需要调理，抑或 D 夫妇可能有自己的打算，反而在这样一个相对公开的场合，自然而然地突破了 D 的边界。从买包这件事一下子就说到了"这有什么好的，你为什么不去生个孩子"的话题上。

当我将自己代入这个情景时，我感到十分不舒服。可以说这种隐藏的攻击让 D 觉得很难反击，陷入了两难。她既觉得 H 这样说让她不舒服，又怕说出来会显得自己有些小气。

我举这个例子是想说，我们之所以在生活中经常会遇到攻击。有的时候只是因为你拥有了一些对方没有的东西，他产生了妒忌心理，然后就会本能地对你进行攻击，甚至有时候你的存在就构成了对他的攻击。

但是，在亲密关系或者相对亲密的朋友圈子里，如果你不断地被这样的话攻击，却没有表现出自己不舒服或不满，即没有表达出你的攻击性，长此以往你们的关系就会越来越不平衡。一次不舒服可以随它去，也许过一会儿就没事了。但是，如果这个人每次都不考虑你的感受，都要以带有攻击性的方式和你说话，很难想象你在这样的关系里能感到舒服。

那么正确的做法是什么呢？

我们要意识到，生活本来就是充满攻击性的，他人对我们的攻击很多时候来自潜意识，这很正常，有时候对方可能也难以控制。

但是，当你感觉不舒服的时候，你需要明确地表达出来。

当我这样告诉 D 时，她又有了另一个困惑。她说她总会担心如果她对那些隐隐攻击她的朋友表达自己的不舒服和攻击性，对方会远离她、讨厌她，不再和她做朋友了。

我是这样回应她的：第一，你有这种担心，证明你在关系中有深深的不安全感。你并不真的信任这个看似亲密的关系，因此你没有办法表达真实的自己。也许这种不安全感会让你进入不自觉讨好对方的状态，这样做会让你的底线变得越来越低，甚至变得没有底线，让他人可以肆意地攻击你。这其实是在助长他人的过度攻击。

第二，当你表达你的不舒服时，如果对方不能接受，甚至讨厌你、远离你，那就意味着你们之间并没有建立一种真实的、亲密的、彼此信任和接纳的关系。这也是我常说的那句话——这个关系并不能真的滋养你，不能给你的心理赋能。也许你只是出于恐惧，或者出于惯性在维系这个关系而已。这时，你可以问问自己：我真的需要这份友情吗？我真的需要这个关系吗？

3

在亲密关系中，当一方所做的过分事情已经超越另一方所能承受的极限时，他也许会结束这段亲密关系，或者抑郁到需要用药物治疗，甚至成为一个对亲密关系彻底失望的人。

但是，在事情发展到如此严重的地步之前，我们也有其他选择。

当亲密关系中的对方一再令你不舒服，不断侵占你的边界，甚至对你实施语言暴力或动手打你时，你是怎样回应的？我们又该怎样去应对呢？

你需要以你的方式明确且严肃地告诉他，你攻击了我，我很不舒服。我会很疼，我不喜欢你这样，你不可以再这样做了。

如果你这样表达了，对方可能会在你的表达中知道你是一个不会容忍攻击的人，或知道你在某些方面的底线。那么，对方也会从无意识的状态中慢慢脱离出来，进行思考，会在你明确抗议和反对后，找到自己在亲密关系中更适合的位置。

人和人之间的关系，我们不能只靠等待和运气。有的人会觉得，如果我一直认真地等下去，自然会遇到一个好的伴侣。如果没有碰到，那我也只能认了。但很多时候我们是可以去改变的，我们需要自己去创建关系，并且将关系中的对方培养成为适合我们的人。

这种培养类似于家长教育和训练自己的孩子。我们很难想象一个完全没有接受过教育的孩子会是什么样的。他可能会没有任何你与我的边界感，会完全没有规则意识，那么他又该如何适应这个世界呢？

因此，孩子需要在法律允许的范围内，与边界和规则进行碰撞，他需要看到父母的反应，才会知道我可以这样做，但不能那样做。这就是一个人成长的过程。当然，这里所说的教育绝对不是用一个很小的框来限制孩子，而是我们可以给孩子设置一个非常大的框。而在关系里，如果你从不表达你的攻击性，并且在对方攻击你的时候，没有任何反应，那就等于你从来没有设置过这个框。

4

　　面对隐形攻击和边界侵占时，你一定要表达出"我不喜欢"。这就是在设立你的边界，也是在创造令你舒服的关系。

　　不过，对有些人来说，表达适度的攻击性的确是非常困难的。看似简单的一句话，比如"我不高兴，你这样说让我很不舒服，你可以不要再这样做了吗"，对有些人来说，说出这句话却像是要翻越珠穆朗玛峰，几乎是无法想象的，令自己十分无力。

　　我想我们真的要去觉察我们在原生家庭里有怎样的经历，进而导致我们没有办法表达出我们的攻击性，去弄明白为什么自己和表达攻击性之间隔着一座那么高的山。

你为什么总不能表达自我

一个人拥有可以向别人表达自己观点、情感、情绪的能力，并能对此加以思考，依据现实情况做出自己的评估和选择，这可以说是非常有边界感地活出了自己。

但是，你仔细看看上面这段话，就会发现，一个人活出自己至少要克服 2 个困难。

困难一：你首先得感知到自己的观点、情感、情绪。

如果你根本不知道自己的情感是什么，情绪是什么，针对一件事情的观点是什么，那你表达什么，又坚持什么呢？

对还没有感知到这些，即还没有建立自我的人来说，谈"自我边界"就有点为时过早了。一个人没有自我，要边界有什么意义？没有自我的人，如何感知他与另一个人之间的区隔？

困难二：你还得有能力坚定且真实地将你的观点、情感、情绪在必要时对他人表达出来。

如果困难一对你而言并不算很难克服，那么你能把你的观点、情感、情绪对着一个可能完全不认同你、会指责你、令你产生内疚的人，统统说出来吗？或者即使不说，你在沉默里仍然能坚持自己，不被他的思想、声音、施加的压力所左右吗？

如果你不说，即使你清楚自己的想法，不管你是不敢说，还是不能说，或者不愿意说，别人都无法知道你的想法和情绪是什么。因此，别人就不知道你喜欢什么、不喜欢什么；你愿意做什么、不愿意做什么；在什么时候受到了伤害，在什么时候感到勉强甚至被胁迫。

那么，即使你有边界，它也是一条看不见的边界。"看不见的边界"对别人来说形同虚设。

这时，也许你会发现，自我和边界像一个整体。剥离自我讲边界没意义，剥离边界，自我也就不存在了。

2

你还有什么发现呢?

其实,表达就是一种让自我存在的方式。

我们是存在于关系里的。如果一个人没有关系,就相当于这个人和所有其他人并不存在于一个世界中。

那么,我们是如何存在于关系里的呢? 那就是通过不断勾勒出"我"的轮廓,让别人看见;再捍卫自己的轮廓,不让别人侵入,这个别人能看到但不能随意侵入的有特定轮廓和清晰边界的"我",就是一个人的"存在"。

关系中的表达就是在勾勒"我"的轮廓。你在别人面前可以在多大程度上表达出真实的自己,就意味着你可以在多大程度上以一个具体、稳定的形象存在于这个世界。可以说,表达自我就是"活"。

在关系中,如果某个人看不见你,那么相对于这个看不见你的人,真实的你是不存在的。关系中,如果所有人都看不见你,那就意味着,真实的你相对于所有人都不存在。

"相对于所有人都不存在",这是否近乎死亡? 可以说,如果没有人看得见真实的你，那么在某种意义上你就是"死"的。这种理念应该可以帮助你理解以下概念：一个人生命力的流失；"活得越来越没意思，越来越没干劲"；越来越普遍的抑郁感。

3

如果你问我，感觉活出自己好难，有没有什么捷径可以走？我想告诉你，是有的。就是你得放弃"他好、我好、大家好"这种自恋幻想般的愿望。

先不说和你关系没那么近的人，只以你的父母、伴侣、兄弟姐妹为例。很多时候你要是完全满足对方，就得背弃自己；想让对方感觉好，你就得承受不好。

有人从来不愿意看到自己的问题，总是向外投掷负能量和压力，这些负能量和压力总要被消化，而你就是那个为此买单的人。负能量和压力都到你这里被消化，问题都由你去解决。

那么，你如何在这种情况下表达自己的累、委屈和压力呢？如何表达你的愤怒、不满和怨恨呢？

如果你希望对方感觉好，那么这些真实的负面感受和情绪你都无法表达。如果你追求的是"他好、我好、大家好",那么你甚至都不能让自己感知到自己的负面感受和情绪。你只会让自己意识到"我很棒,很有价值,我有能力持续付出。我能给他人带来欢乐,我是问题解决者"。只有如此,你才能产生一种感觉——"我们都很好"。但这样你就失去了体验和共情真实的自己的机会。你要的是"一切尽在掌控,困难都可以解决,我们都会很好的"这种完美局面。

那么,达到这种完美局面的代价就是,你不能去感知这个局面背后真实的自己正在承担的压抑的情绪。

4

读到这里,你可以问问自己,你能允许自己真的感受到自己吗?

你准备好面对"他好,你其实不怎么好"这个局面了吗?如果让别人满意,意味着你其实背离了自己,你准备好接受了吗?

之所以有时候选择太难,是因为我们不愿意去面对真实的世界和自我的真相。

选择满足自己，会让你觉得极度内疚，认为自己太过自私，你的"超我"可能不会放过你。选择满足他人，又会让你觉得愤愤不平，而且每一次都是这样，你渐渐支撑不住了。

那怎么办呢？

我想，你的选择只能由你去做，但是你要明白，"大家都好"在很多时候是不可能的。不是每个人都有自己的边界，也不是每个人都拥有健康的人格，更不是每个人都可以在自己的边界里好好地生活。

对很多人来说，他们就是需要把手伸过他人的边界，侵入对方的自我，控制对方变成他们想要的那个样子，这样他们才会觉得安全、快乐、满足，如果自己做不到或者被对方拒绝，他们就会痛苦、愤怒、挫败、羞耻。

面对这样的人，你只能取舍。你想让他舒服，同时也想活出自己，这不可能。你和他之间，有时候就是"你死我活"。

要真正地活过来并不容易，但如果你真正活过来了，后面的一切问题就会变得容易解决。

最后，跟大家说说"表达自我"时要注意的几件事。

如果你的表达建立在别人的认同上，那么表达就会变得很困难。这是一种自我设限，而且不被认同会让你感到很羞耻，要是不能克服这种羞耻感，你就无法表达自己。

你想表达什么就去直接表达，虽然别人不一定会认同和理解你的表达，但你还是要用语言或行动将你的想法表达出来。这就是建立自我界限，就是分离个体化[①]。

问一问自己，你的表达只是为了让对方看见，还是为了改变和控制对方？如果只是为了让对方看见，那么你表达自己就可以了。对方能不能看见，取决于他自己的人格成长和修通程度。但如果你是为了改变和控制他人，那么你的表达就会充满对他人的评判和控制，你可能直接被拒绝，并因此感到挫败和愤怒。

活出自己，是只勾勒自己的轮廓，而不是去勾勒你理想中的他人的轮廓。你需要知道"你的道理只是你的道理，世界不以任何人为中心"。

---

① 逐渐脱离依赖的对象，形成自己独立个体的心理过程。——编者注

5

读完了以上内容，你一定会在认知自己的情感、情绪，并表达自我这件事上有很大的进展和突破。

没有人应该为你活着和活得好负责。

父母应该为小时候的你活得好负责，但其实他们当时也没能做到。除此之外，没有其他人应该为你负责，或者真正能为你的人生负责。

你要为自己负责，你要为自己表达。你不为自己表达，还有谁会为你表达呢？

当你意识到了这些，你就可以慢慢做到，你会越来越能尝到为自己发声的甜头。

爱是先对自己负责

你需要的不是一段简单的亲密关系，而是一段能允许你表达，能看见你的感受的亲密关系。如果亲密关系无法达到这种程度，那么它就是对你能量的消耗。

与其说你需要一个爱人，不如说你需要一个人给你想象的空间，在那个空间里，你是一个值得被爱的人。

总是委曲求全，不会让你得到爱

1

爱，不是一种施舍。爱不应该是一个人求取，一个人赐予，而应该是一种平等的关系。

爱里有给予和渴求是正常的，但是爱里有高低贵贱则是不正常的。爱中的给予不应该有"我比你高"的感觉，爱中的渴求也不应该有"我比你低"的感觉。

一个人之所以在关系里总是感觉羞耻，觉得提出一点要求或者满足自己一下都很羞耻，是因为在父母的爱里，他的渴求总是被忽视和否定，父母给的爱充满了评判，这种评判令他感到羞耻。

为什么有人总在关系里讨好对方？因为这段关系让他觉得不安全。这不一定是关系真的不稳固，可能是他自己活在一种"我并不好，不会真的被爱"的思维模式里。

如果小时候你的父母给你的爱是从高处施舍的，父母心情好就夸你，心情不好就无视你、伤害你、羞辱你；父母心里有一系列标准用来评判和衡量你是否值得被爱，那么你又如何在这样的爱里觉得安全，觉得美好呢？

大多数人都成长在一种被评判的爱里，这是集体的人格不成熟。我们不能指望别人突然成长，不再对我们做出评判。我们要指望的是自己，从自己开始，减少对自己的评判，而不是盲目、持续地为了符合别人的评判标准，在这种关系里竭尽全力。

总是委曲求全，不会让你得到真爱，只会让你被精神控制。一个爱你的人不会希望你总是委屈自己，他会关注你的幸福，会不忍你的压抑。而一个只想利用你、操控你，用你来证明自己很厉害的人，才会在你的委曲求全里感到满意。

这就是精神控制的雏形。

2

很多人其实是在父母的精神控制下长大的。小时候被迫放弃自我，被父母操控，付出无限努力去接近父母制定的苛刻标准，这导致他们长大了依旧放弃自我，被别人操控，付出无限努力去满足别人的需求。

与其说他们放弃自我，不如说他们的自我内核从未建立起来。

如果不成长，他们要么在关系里继续被控制，要么就只能退回自己的"壳里"，放弃建立关系。

想被所有人喜欢，是一种巨大的野心。

为什么会有这样的野心呢？因为匮乏。越是匮乏的人，越有这样的野心。

你需要看到自己的匮乏，然后告诉自己："没有人会被所有人爱，我之所以渴望被很多人接纳，是因为我匮乏。"

实际上，接纳自己是每个人自己的任务。被一个人全心全意地喜欢，是对关系的理想化；被很多人喜欢和认同，是对关系的妄想。

做得好就会被爱，这个逻辑是有问题的。

一个人是否爱你，至少有一半取决于他的内心系统如何运转，而不是你做了什么，做得怎么样。你做了什么，这需要看他如何理解；你做得怎么样，这需要看在他的标准里你做得怎么样。

因此，做得好和被爱之间没有什么必然的联系。如果你做得好，就会得到爱的奖励，这倒是和控制有关。

有时候做得好，不但不会被爱，还可能被攻击。如果对方内在自卑，那么你做得好，可能让对方更自卑；如果对方活在比较里，那么你做得好，反而会显得对方做得不够好。

如果你的"好"在对方的潜意识里被解读为冒犯和攻击，那么你做得好，也许不会让对方更爱你，反而会让对方恨你。

看见爱和关系的真相，看见自我的真相，可能会让你跌落谷底，因为你的幻想破灭了。

从小时候开始，你一直相信的那个只要自己优秀就会被爱的假设不成立了。你会失落，甚至会体验到丧失感和抑郁感。但是，如果你有勇气越过悲伤的情绪，去看见这个真相，而当狂风暴雨过去，你还站在那里，没有被打倒；或者即使倒下了，你还能爬起来；或者即使破碎了，你还能一片片将自己拼接起来，那么你就穿越了黑暗，来到了新的地方。

你将不再活在对别人的绝对依赖里，不再讨好，不再卖力地追寻爱。你不再恐惧失去爱，你会明白，当你强大了，你可以爱你自己；当对方强大了，他才敢于爱你。

在感情中最好的姿态，是对自己负责

1

很多女孩在小时候都有一个梦想，就是嫁给王子，从此过上幸福快乐的生活。

女孩怀揣着这样的梦想成长为女人，然后也许会遇到一个关于成长的课题——梦想并不等于现实。

如果没有王子能真的守护你一生一世，对你的幸福快乐负责，满足你的期待，珍而重之地将你捧在手心，那也不是因为你运气不好，你识人不清，而是因为感情是两个人的事情，而另一个人会怎样做，真的不是你通过自己的努力就能决定的，这便是人生的无常。

我们可以有关于爱情的梦想，带着对爱情和对另一半的憧憬去生活、去等待、去追寻，你会感觉人生是美好的。但是，不变的美好、完美的关系终究是一种幻象。

区分梦想和现实，不将让自己幸福的全部责任和期待都寄托在特定的某一个人身上，有能力面对关系的无常，这才是成长。

每一个人的内在小孩，都要由自己去守护。自我负责才是爱情中最好的心态。

2

真正的成长就是，意识到梦想和现实的差距；意识到涉及他人的关系，无论你怎么努力，关系的发展和结局也不会全在你的掌控之中；意识到在关系里自己才是核心；意识到如果把对幸福的期待和评判自己的标准都放在另一个人身上，就会很容易失重，也会让自己处于危险之中。

也就是说，与其将全部期待放在关系中，放在另一半身上，不如认认真真地对自己负责。

无论你是有另一半，还是过着单身生活，你的喜怒哀乐的最根本责任人都是你自己。

除了你自己，没有人理所应当地要守护你的内在小孩。

为什么我们要有这样的心态呢？因为大概率来说，你爱上的人也只是一个普通人。

就像《大话西游》里紫霞仙子心里的那个梦想——"我的意中人是一个盖世英雄，有一天他会脚踏七彩祥云来娶我"，然后，她等到了至尊宝。是的，至尊宝算是一个盖世英雄，而她结婚那天，也的确有"七彩祥云"。可惜她的爱情故事并不像她梦想中的那样完美，而是有悲伤的甚至糟糕的、欺骗的部分。

紫霞仙子按照自己的意愿，脑补了整个爱情故事的开头、中场和结局。她看到的完美的至尊宝是幻象，而非真实的至尊宝。

就像你遇到的另一半，无论你对他的期许有多么美好，无论你们是否缔结了婚姻契约，许下了终身的承诺，他身上仍有可能暗藏了你并不知道的缺点。也许他的性格有缺陷，或者在人生的某一个特别阶段，他会出现情绪问题，会难以控制自己，做出你意想不到的、逾越各种界限的事情，将整个关系推向未知的，甚至是和你的愿望相反的、不好的方向。

为什么明明有一个很美妙的开始，有那么多珍贵的时刻，还是成就不了一个美好的结局呢？

因为一刻只是一刻。我们不能用一刻来预期全部。

未来本来就是不可预期的。

人是有局限性的，即便一个人的本质是好的，他们也会带有原生家庭的烙印，带有自身的弱点。

从心理学的角度来说，一个人的潜在部分、潜意识的行为和思维模式，在很多时候都超越了理性思维，会让一个人做出很多"意料之外""不可思议"的事情。

如果你和他拥有过美好的当初以及甜蜜的当下，你就想当然地以为未来一定是美好的，于是将自己的全部交到对方手中，那么一旦结局是糟糕的，你就会从幸福的巅峰跌落，而这其实也有你的责任。

你脑补了故事的结尾，却忽视了每个人都有很多连自己都不知道也掌控不了的内在真实以及不确定性。

对感情缺乏信任的人说，因为我很缺安全感，所以我需要对方给我安全感，希望对方可以证明他是安全的。可是，即使现在证明了对方是安全的，也不代表这个人以后不会改变。

缺爱的人说，因为我很缺爱，所以我要找一个可以给我很多爱的人。然后他终于遇到了一个人，在 5 年、10 年的时间里给了他很多被爱的感觉。但是，这就能保证这个人可以持续不断地在人生后面的几十年中，无论发生什么，都可以给他那种"你很重要，我很爱你"的感觉吗？

以过去和现在去证明未来，这是没有任何保障的。这就需要我们睁开眼睛，不带幻想地看清关系中真实的部分。

只有看到了这些真实，我们才能更幸福地活着，不完全依附于某种关系，不在关系里失重，找到自己稳定的核心，将重心放在自己身上。如此，我们才能面对未知的不可控。

这才是真正获得安全感和爱自己的路径。

可是看见真实，愿意承认"关系其实原本就是不确定的"，是很难的。这与那些童话般的梦想不符。

为什么我们不愿意放弃童话？因为我们需要这种梦想，就像孩子在每晚睡觉之前，如果没有被妈妈抱在怀里，就会需要一个娃娃或者一条毛巾，抱着它，孩子会觉得很安心，犹如依偎着妈妈。

而每一个人内心深处都需要某种可以让自己安心的东西。开始是妈妈的怀抱，后来是娃娃，再后来就是未来遇见的，会爱你、守护你的某个人。

我们相信自己长大后会遇到某个人，相信那个人能够解决我们所有的问题，为我们抚平内心的伤口，让缺爱的自己被关注，被爱抚。

因为相信有那样一天，有那样一个人，所以我们就像每晚抱着自己的娃娃觉得安心的孩子一样，可以在现实的很多逆境中，在那些被否定、被忽视的时刻，在孤独里安然入睡，我们相信梦想总有实现的一天。

到那一天，一切就都会变好了。我们期待那个梦想实现，成为我们最终的救赎。

"如果妈妈不够爱我，让我成为一个自卑的、不断怀疑自我的人，那么我期待遇到一个真心爱我和肯定我的人。这样我在他的认同和坚定的爱里，就能安心、幸福地生活，在他对我的接纳里，我也能够接纳自己。"

这是很多人的内心独白。然而，这只是一个梦想，并不是自我救赎的道路。

真正的成长是无论自己是否拥有爱情，也无论那个王子是否会来，你都拥有你自己，你自己才是你生活的全部重心。

当你把守护自己的责任交到另一个人身上时，你就已经一脚踩在悬崖边上了。只有当你将对生活和幸福的期待放在自己身上的时候，你才可以说是在认认真真地生活。

有期待，就会有失落。

有梦想，就可能有幻灭。

如何做才能拥有一个独立的自我？我们应该逐渐放下对关系的过度期待和依赖。

自我不够独立、缺乏自信的人，很多时候是在父母那里没有得到足够好的养育，没有得到很多的接纳和肯定。因此，缺爱的他们就希望在现实的亲密关系中找一个人代替自己的父母，来弥补自己的缺失。

这是很自然的事情，但这样的想法往往只会给他们带去更多的痛苦和失望。

我们可以将此称作"梦想"，然而这个玫瑰色的梦想，其实也非常被动和有风险。

3

一个心理成熟的成年人，一定是能和父母完成分离的人，是不再需要躺在妈妈怀里，不再需要抱一个娃娃，不再需要想象一个梦想中的王子，也能安睡的人。

不是不去依恋，不是不去期待，但是依恋和期待到失重的程度是危险的。

你真的成长了吗？真的自信强大了吗？

真正的成长，不是等待王子来看到你；不是变得很优秀再等王子来肯定你的价值；也不是变得值得被爱了再等王子来守护你的内在小孩。而是你看到你自己；你接纳此刻不完美的你；你努力对世界表达出你的需求和界限；你作为主体去寻找资源喂养、满足自己；你亲自守护你的内在小孩。

这时，你就是一个真正意义上的成年人了，不再是那个无能为力、被动等爱的孩子。你不再那么期待关系，也不再被关系所定义，于是你就拥有你自己了。

如何才能和对的人结婚

1

我们对感情的态度，需要被浇浇冷水，这冷水的好处有以下
3 点。

1. 让你的不合理期待早点破灭，这样你就更能接受亲密
关系中不那么完美的伴侣，以及不那么完美的亲密关系，从
而提升你对亲密关系的满意度。

2. 当你的择偶标准更真实、更接近现实时，你就更容易
走进亲密关系，体验并成长。

3. 做好心理建设。被浇冷水后，我们的内心对于亲密关系的
抗挫力会增强，我们知道了挫败都是必然的，就不会那么快进入
"受害者"的内心状态，进而能够更乐观强大地面对亲密关系。

2

你准备好和另一半的原生家庭或者潜意识共度余生了吗？

阿兰·德波顿的"为什么你会和错的人结婚"这篇文章，是婚恋文章的经典，也给了我很多灵感。这位哲学家和小说家参透了心理学中人性的真实。

正如他所说，婚姻不应该是完全理性的，也不应该是完全感性的。婚姻应该是一种心理学婚姻。

我们要意识到各自被潜意识控制的部分，例如不断重复的行为模式，创伤，内心那些迫切需要被填满的洞，以及原生家庭在我们的人格、思维、习惯中刻下的印记。

我们认清自己和对方被潜意识控制的部分后，再认真地问问彼此："你确定要和这样的我生活，并且可以面对和接受我的意识所不能改变和控制的潜意识中的种种吗？"

我们要慎重思考，再做出回答。

虽然回答也并不意味着你一定能经营好幸福且成熟的婚姻，但是对这种问题的提出和思考以及回答，就足以彻底改变你对亲密关系的认知、理解和期待，自然也会改写你关于亲密关系的故事。

我们之所以会在亲密关系里感到痛苦，是因为我们对其有太多的错误认知。有一些认知很幼稚，比如"他和我结婚就应该让我幸福""他承诺过就应该做到"；有一些认知则有点想当然，比如"男人就应该做饭给女人吃啊，我爸就是这样，你为什么不能？""女人就应该做家务"；还有一些认知听起来令人心碎，比如"他其实从没爱过我""他就是爱他妈妈更多，我什么都不是""他得到了就变了"。

我们给亲密关系赋予了太多期待，我们之所以在其中感到痛苦，是因为我们将伴侣当成了自己心中理想的那个人。

然而，你要知道，理想中的那个人只存在于你的理想中，而不是现实中。心理学里有一个词，叫作"夸大自体"，就是用来形容这个理想的。

有人会说，我明明是将他进行了理想化，怎么会是"夸大自体"呢？

道理很简单，如此理想和完美的他与你在一起，会带给你一种"你很特别，你很优秀，你很完美"的感觉。这就是我们在亲密关系中一直玩的"自我满足"的把戏，即那个叫作"自恋"的游戏。

你夸大对方，其实是拐了个弯满足潜意识里被夸大的自己。

我有个好朋友 M，结婚前她觉得老公特别完美，尤其是"承诺了就会做到"这一点令她特别满意。

然而结婚后，她一再被现实"打脸"。"我发现在有些事情上，他兑现不了他的承诺。比如说好不喝酒，可他还是喝；说好不借给别人钱，可他还是借。"

我跟 M 说，能兑现所有的承诺是特别理想的状态，但是真能做到的人其实很少。他本来就未必是"承诺了就会做到"的人，对此你验证过吗？

或者应该说，婚姻生活就是她的验证。

在婚姻生活里，M 看到了丈夫做不到"承诺了就会做到"，不仅体验到了深深的失望，还产生了强烈的愤怒。

这是因为，丈夫曾经的"能做到"符合 M 的夸大自体。M 将想象中的夸大自体投射到丈夫身上，认为丈夫在这一点上就是完美的。当发现丈夫其实做不到时，M 受伤了，她的夸大自体幻灭了。丈夫没有自己想象的那么好，M 的自恋因此受伤了。

自恋是我们的需求，我们需要满足自己的自恋。你将另一半理想化，在另一半身上投射了你的夸大自体，你的自恋就会得到满足，你的潜意识会感觉"我也好极了"。

"情人眼里出西施"其实是双赢的。虽然你其实长得并没有那么美，但是我看你很美，并且看见你很美的我会觉得自己也很棒。

这不就是双赢吗？

恋爱的开始，大家都活在开心里，觉得整个世界都是美好的。后来，你们距离越来越近，天天见面，聊聊琐事，然后一起走进婚姻，成为父母，开启了现实生活。这一切让自恋的幻象迅速崩溃。

自恋破灭了，理想幻灭了，不是他变坏了，而是他不得不逐渐呈现出真实，而你不得不逐渐看见真实。

阿兰·德波顿说："我们最好在婚姻开始之前，甚至是一段可能走向婚姻的关系开始之前，就先问问对方，你能否忍受我的那些也许难以令人忍受的、可能给你带来糟糕感觉的事情。"

我觉得这个提议太棒了，这就是心理学中婚姻的认知基础。

这个提议本身就是对自恋幻想的反击，让大家快一点从幻想回到现实，看清楚自己是谁，也看清楚对方是谁。

要多做自我暴露。早点暴露，大家还来得及做出别的选择，或者进行心理建设，这样一来，后期的心理落差就没有那么大。

可是，自我暴露虽好，要做到却非常困难。

M气呼呼地和我说，那他为什么没有从一开始就承认自己不是一个"承诺了就能做到"的人？他为什么要打造出一个特别重视承诺的人设呢？

我想，因为大家都是普通人啊。我们都希望自己真的很棒，害怕自己不够好会失去对方。我们不是刻意去欺骗，而是在无意识中也骗过了自己。不然我们为什么还要刻意去认识和拥抱真实的、不完美的自己呢？

因为不鼓起勇气，我们就做不到。

认识到自己有一些别人很难忍受的缺点和毛病，认识到自己不像自己想的那么好相处，认识到自己充满了控制欲和攻击性（隐形攻击、表达障碍、安全感缺失、用讨好付出绑架别人等问题），其实是很难的。能直面自己的真实，本身就是心理成熟且强大的体现。

能坦然面对自己的"不好"的前提是，完成了对自己存在的问题的接纳，如果不能接纳自己的这些问题，那么他无论如何也不会看见和承认自己是这样的人。他不是装不知道，他是真不觉得自己有问题。

因此可以说，在结婚前，彼此的自我暴露是有很大难度的。我们能认识自己，有勇气看见那个无所不能的自己其实是被夸大的、被美化的，就已经是一种成长。

3

别泄气，下面转入积极篇章。

虽然我们很可能做不到在婚前暴露真实的自己，做不到完全了解自己的潜意识和对方的潜意识控制不了的部分，但这并不代表我们的觉察毫无意义。

觉察永远都有意义。

当我们觉察到彼此都没有勇气去看到真实的、不完美的自己时，我们就不能在一开始呈现出完美的自己。如果因为自己没有将真实的自己呈现出来，导致以后对方的幻想破灭，那么，我们应该向对方道歉，而不是站在受害者的位置拼命指责对方。

这样一来，事情的结果就大不同了。

一个因妻子每天打十几通电话给自己而困扰的男人，如果觉察到了妻子并不是主观想要变成这样的，而是她在产后看到大家都在关注宝宝忽视了自己，这唤起了她小时候不被关注的严重焦虑和不安，陷入了"我不够好"的低自尊状态，她在原生家庭里的依恋创伤（没有和父母构建安全的依恋关系）被激活了，于是她控制不住自己，必须不停地给丈夫打电话以确认对方不会突然消失，也许他就不会对妻子抱怨和排斥，也不会简单地评判："你以前不是这样的，不会这么烦，也不会这么不信任我。"

反过来，如果这位妻子看到了丈夫的原生家庭里有一位控制欲强到几乎要吞噬他的妈妈，同时他的妈妈也一直在控制着他的父亲，甚至将父亲逼出了这个家庭，导致他独自留在母亲的强烈控制里时，也许她就能理解为什么丈夫对于她每天打十几通电话给他会有愤怒、讨厌、要躲开的反应。她也不会简单地评判："你以前不是这样的，不会这么冷漠，你现在根本就不爱我了。"

如果我们能从心理学的角度思考，那么在面对亲密关系中让我们感到痛苦的事情时，我们就能不再简单地归因于"你不爱我""你变了""你以前都是伪装的"，就能从心理学角度去理解为什么生活开始变得有冲突、矛盾、愤怒和痛苦了。

不过，即使你理解了这些，也不一定能将亲密关系迅速修复如初。就如同我前面举的例子，一个有依恋创伤的妻子，就是会控制不住给丈夫打那么多通电话；一个被妈妈控制得太紧的丈夫，就是会对妻子的挂念有类似创伤应激的过度反应。这些都在我们的人格模式和潜意识里，即便我们意识到它的存在，它也很难被迅速地改变，那么我们还能怎么办？

就像我常说的，心理咨询从来都不是为了改变你，而是为了帮助你和自己相处。

同样的，两个人带着各自原生家庭留下的烙印、创伤、缺失、障碍、应激反应，想要结合到一起，就需要找到可以包容彼此缺点的相处方式。

一个人不愿意对你好，和不能做到始终如你所愿地对你好，是不同的。前者，你会理解为"不爱"，这会让亲密关系无以为继；后者，则是他爱的能力达不到你的预期。

如果你理解了他的局限性出自无法控制的潜意识，如同你理解自己的局限性是你努力后也无法突破的，你就能在内心创造出空间，接住亲密关系里令你失望的事情。

消化、处理、放下，你的这种做法也会帮助他去接住你的不如预期。相比那种彼此投射理想化对象的迷恋之爱，这样的爱才能更长久。

　　心理学不是为了创造完美的关系，而是为了让你学会接纳关系的不完美。我们对于关系中的真实和不完美的理解，才能赋予关系长久的生命力。

　　愿大家都能接住不完美的自己和另一半。接不住的，也可以好好告别。

什么样的婚姻可以通往幸福

1

　　我很少写有关爱情的文章，因为我觉得当一个人把自己的内在弄清楚后，对爱情就不会感到困惑了。

　　生活里的确有很多始终在爱情或婚姻的抉择中煎熬的人，也有很多因为坚持要在一起或坚持单身而扛着外界沉重压力的人。

　　说到底，两个人关系的好坏源于你与自己的关系的好坏。如果一个人能够自己给自己安全感，不活在别人的眼光里，那么他就可以克服恐惧，去慢慢寻找那个爱的人。

　　无论他在怎样的年纪，经历了怎样的过往，如果不结婚，他并不恐慌；如果结婚，他绝不勉强。这才是一个人面对婚姻，最强大也最舒适的状态。

2

其实这个世界上有些人是出于恐惧而结婚的。如果不想出于恐惧而不得已走入婚姻，我们必须先克服内心的恐惧。

曾经有一位 40 岁仍单身，私生活备受关注的知名女演员说过这样一句话："什么叫作剩女？你叫一个女生剩下来的剩，这个是很狭隘的想法。应该是强盛的盛，盛开的盛。"

一个人决定做一件事情时，内心深处通常有 2 种动机，一种是恐惧的动机，另一种是爱的动机。无论选择结婚还是不结婚，你都可以问问自己究竟是出于哪一种动机做出选择的。

很多人结婚的动机只是出于恐惧，他们觉得结婚生孩子才是正常的、安全的，而这只是一种从众心理。"如果和大多数人一样，就不会出错。"这是很多没有想清楚为什么要结婚就匆忙结婚的人的真实想法。

害怕出错，就是一个恐惧动机。

"如果和别人不一样，迟迟不结婚、不生孩子，我就会被他人当作异类看待。"我的一位单身好朋友对我这样说。

人是群居生物，对必须与人相处的我们来说，被当作异类的确很可怕。

你有足够强大的心理能力去面对家人、亲戚以及朋友的各种不理解和质询吗？还是会因为害怕受到大众排斥或者害怕被人评判而步入婚姻？

有人说，现在的社会氛围比过去宽容，越来越能容纳单身生活的男女。也就是说，单身人士受到的被视作异类、被评头论足的压力减轻了。

在没有这种压力的情况下，我们自然而然地就可以从自身的角度去做出关于婚姻的选择。然而，令人遗憾的是，即使不考虑别人的看法，只是从自身的角度去考虑，还是有很多人出于恐惧的动机而选择结婚。

这种恐惧来自对安全感的缺乏，对自己的不自信，对未来的担忧和焦虑。

婚姻是一份契约，意味着一段相对固定的关系，这份关系还在道德和法律层面约定了伴侣双方对彼此的责任和义务。

"我希望有一个在亲密关系里对我负责的伴侣，让我觉得自己有人爱，不再感到无人依靠，不再感到孤独，也不用担心年老后无人陪伴和照料。"像这样，有人为了驱散内心对未知的未来、孤独、衰老甚至死亡的恐惧，为了驱散自己不被爱的恐惧，为了满足内心安全踏实的需求而结婚了。当然，还有人将物质条件放在择偶条件的第一位。这是对物资匮乏的恐惧，仍是出于恐惧的动机。

这种例子屡见不鲜。有的人本身条件优越，有体面的工作和较强的赚钱能力，可仍觉得自己穷。他在现实中拥有了很多物质，但内在还是觉得匮乏，这种匮乏感让他仍然将物质条件摆在择偶条件的第一位。说得直白一点，他不相信自己有能力让自己过上想要的生活，因此出于对物资匮乏的恐惧而结婚了。

3

一个人如果想要遇到爱的人，并且愿意用一生去陪伴那个人，再决定走进婚姻，就必须战胜上文说的种种恐惧。

没有了害怕被视为异类、害怕被别人评判、害怕衰老死亡、害怕孤独寂寞、害怕无人照顾、害怕没有钱的恐惧，才可能以自然且真诚的心态去寻找自己所爱之人，或者怡然自得地待在一个人的生活里。

就像人本主义心理学家马斯洛提出的需求层次理论，由低到高有 5 层：

（1）生理需求（生存的需求比如食物、睡眠）。

（2）安全需求（安全的需求比如财产保障、健康状态）。

（3）爱和归属感（被照顾，被爱，性）。

（4）尊重（被认可，被尊重，有成就）。

（5）自我实现（成为自己期望的人）。

如果一个人的人格还停留在需求层次较低级的阶段，迫切地需要满足生理需求、安全需求、爱和归属感的内心需求，他就很容易被恐惧的动机催促着赶紧进入婚姻。当他婚姻不幸福、亲密关系质量很低时，他也同样会因为恐惧无法离开这样的关系，无法开始新的人生。

有的人缺乏安全感，于是只是因为对方令人有安全感，就停留在没有生机的亲密关系里。在没有生机的婚姻里，很多人连和对方说话的欲望都没有，这可以说是一桩"穷得只剩下功能"的婚姻了。

下面的这个真实场景展现了一桩功能型婚姻。

妻子问丈夫:"如果我离开了这个家,你能想象这个画面吗?"丈夫回答说不能想象。妻子问为什么?丈夫说如果你离开了,这就不是一个家了。

表面看起来,这样回答是没有问题的,但这并不代表他们的婚姻就是高质量的。

丈夫的回答背后也可能暗含了以下事实:妻子的存在是家庭的一个功能性存在,就和家里一件不可或缺的家具是一样的,比如衣柜和床。如果没有这些东西,家也就不再像一个家了。

如果只是出于恐惧就进入婚姻,那么你很容易把对方/被对方当作家具般的功能性存在,对方只是能够消除恐惧并给自己带来安全感的工具,但是彼此之间没有足够的感情,无法创造出生活的乐趣。

每个人都需要与他人进行语言和精神上的交流。在漫长又亲密的相处中,我们需要和对方做一些有趣的事情,才能在亲密关系中快乐起来。

双方能够一起去创造,一起去感受,才是有生命力的婚姻。和什么样的人才能建立起可以一起创造和感受的婚姻呢?那就是你所爱的人。

4

一定有人会质疑为爱结婚不现实，他们觉得人生已经很艰难了，对婚姻的态度就应该现实些、功利些，而且他们还会怀疑爱情是否重要。

但是，相信爱情的人，即使不结婚，也仍然可以活在希望中。他们只是不想出于恐惧而进入婚姻，或者不想死守一段糟糕的关系，因为这会毁掉自己对生活的希望。

希望再渺茫，都意味着一种生命力。就像电影《流浪地球》里，韩朵朵在最后进行全球广播时说的话："希望，是这个时代像钻石一样珍贵的东西。"

出于恐惧的动机而选择或者维持的婚姻，只能解决你的恐惧，而无法让你的内心获得幸福。

假设你找不到合适的人，在缺乏爱的动机下，出于恐惧而结了婚，婚后你终于不用担心成为异类，不会听到旁人的闲言碎语，也不用担心孤独终老。但如果婚姻里没有爱，亲密关系里没有生命力，那么你虽然拥有了一个名义上对你负责任的伴侣，却因此失去了获得有爱的、有生命力的亲密关系的机会，你甚至连憧憬和希望的资格都没有了。

如果一个人能克服内心的恐惧，勇敢地对自己负责，那么他虽然不一定能马上遇到理想的另一半，但是可以拥有珍贵的希望。

幸福的真相是什么呢？

无论是进入了婚姻，还是过单身生活，自我的强大才是幸福的前提。有了这种强大，你才能留存希望去守候爱情而不将就；有了这种强大，你才能去追寻超越功能性的，可以令你快乐充实的亲密关系。

一段有希望的婚姻，一定不是出于恐惧，而是出于爱。

不是为了防止什么，而是为了创造什么，是你和这个人在一起的时候，一直憧憬着和他继续走下去。

你没必要总活得正确

第五部分

你永远都有选择权。

你可以选择犯错，可以选择认输，也可以选择放弃。

这样想的话，你是不是觉得面前的路宽广了很多？

为什么你总是拖延

1

很多人会因为拖延而自责，觉得自己是无法管理人生的失败者。在第五部分，我想解读一下拖延。

可以说拖延就是我没有玩够，或者是我不想做这件事，所以尽量拖延一段时间再去做。

关于玩，我认为爱玩是人类的天性，不是只有孩子才爱玩，成年人也一样需要玩耍的时间和空间。

我的一个来访者每次和我提到拖延，都对自己深恶痛绝。他说，他的拖延严重到能对一项工作拖半年。这项工作就是，他需要与每个新发展的客户建立联系。

这项工作虽然是他必须做的，但没有人每天盯着他做，所以他一直没有去做，结果公司给他下了最后通牒：你再不做，这些你发展的客户就直接转给别的同事了。

这时他才开始去做。而实际上没有做这项工作的这半年，他也一直活在自责里。

这是很典型的拖延。一边拖延不做，一边心里有个声音在责怪自己。

我慢慢在咨询里找到了他拖延的原因。

小时候，他总是被爸爸严格教育，爸爸时刻都盯着他在做什么，一件事情做完了马上有另一件事情在等着他，比如作业写完了要抓紧读书，书读完了要抓紧时间锻炼，根本就无法停下来。

这种被必须做的一件件事情包围的感觉，像不像溺水？被水包围着，他强烈地想要将头伸出水面呼吸，同时对再度被水包围有着强烈的恐惧。

他认为，如果不想体验溺水的感觉，那就最好不要进入水中。

"不去做，不开始，我就不需要进入那种被一件件事情追着跑，无法停下来，似乎溺在水中，将要窒息的可怕感觉。"

于是，他发展出了保护自己远离这种害怕的潜意识——拖延。

拖延，是为了保护自己不被做不完的事情逼到窒息。但是父亲当年不断催促的声音也在他的内心化为了他自己的声音。于是，他的内心还有个不断催促的严厉的教导者。因此，他一边拖延，一边骂自己；一边拖着不去做，一边因为自己的不行动而深深自责。

这种内心的痛苦冲突，几乎所有拖延的人都经历过。

2

作为一名心理咨询师，我做的不是解决他人的拖延问题，而是帮助一个拖延的人缓解他内心的冲突，让他理解自己，不要不断自责，帮他完成对自己的接纳，达到自洽。

我认为这是一切成长的根本。成长不是简单地改掉你的毛病，切除你对自己不满意的部分，而是探究这些毛病的实质，弄清你的不满意从何而来。让你明确自己的感受，去爱和接纳自己，这样才能变得成熟和强大。

前几天，我和一位经常和我聊人生的好朋友进行了一次很有趣的聊天。

我向她提了一个问题："你说，为什么我明明写一篇 3000 字的文章只需要两三小时，但是我一周却只能写一篇呢？"

她听完笑了，我也笑了。

很多写公众号文章的人都告诉我，你应该多写，多更新。可是我发现我一周就只能写一篇文章。尽管这一篇文章其实只需要两三小时就能写完。

她说："这有什么奇怪的，我也是啊！如果我花 2 小时进行了高强度烧脑的工作，我就得休息两三天。其实我高效地做完高强度的工作，在我看来就是为了能有整段的时间用来玩啊！"

努力工作，工作完了就用整段的时间去玩。而且可以的话，工作的时间越短越好，玩的时间越长越好。

我工作的那几小时非常拼命和努力，背后的主要动机不是为了成为一个优秀的人，而是"只要完成工作就可以有整段时间用来玩了"。

我和她都是这样想的，我们也有比较相似的童年。

小时候，我们的父母都管得严，总是时刻盯紧我们，确保我们的事情都完成了才让我们去玩。父母对我们的期待总是没有尽头的，尽管我们学生时代的成绩都十分优异，却一点不敢放松，因为父母的要求是"你要比现在做得更好，如果你现在好，就得一直好"。

这同样也是被要求裹挟，我们做的所有事情都会被评判，处于溺水般的窒息状态。而只有把事情完美做完的那一刻，我们才拥有玩的资格，才拥有一个空间和一段整块的时间，可以放下对自己的考核以及对完美的要求。在这个空间里不需要做任何事，只是玩就好。

这样看来，我们确实需要有一个空间，在空间里面没有压力和要求，能安心去玩。

这是一个心理上的空间，而营造这个可以什么都不做的空间，是我们拼命做事的动力。比如我今天要写稿，我就会在内心激励自己，写完稿，下午4点，我就去买一杯咖啡，坐在咖啡店发呆、玩手机，或者去吃顿烤肉，晚上还可以看电视剧。

我只有想着写完稿之后没有任何压力的空间，才能激发出潜能和动力，去完成相对难的事情。

心理学有一个词叫"游戏的空间"，这个游戏的空间也被叫作"过渡客体"。

每个人都需要一个游戏的空间，孩童时期，我们就会找到一个过渡客体。

孩子睡觉前会拿一个娃娃或者一条毛巾，这就是孩子的过渡客体。娃娃代表了孩子跟父母之间有一个链接，但是这个链接也有一定的空间感，这不是父母本身，却拥有一部分父母的功能。

这个过渡客体满足了孩子既需要父母又想和父母保持一点心理距离的渴望。

3

我想和你在一起,又怕被你吞没,我要保持独立,又希望你在我身边,于是我要有一个空间,建立在我的周围。

我想说,父母和孩子最好的互动就是做游戏。

当父母进入游戏的空间和孩子一起玩耍时,在这个过渡空间里,父母存在着,又因为有一定的空间感,所以他们不会将孩子吞没,孩子的内心就在这时慢慢发展成熟了。

但是,如果你有一对完全不会玩,又没有什么边界感,还总控制你,需要你不停去做一件又一件事情的父母,那么你能做的是什么?

那就是为自己创造一个游戏的空间。

你可以想象一个被父母的压力逼得无处可逃的孩子,他躲进一个小帐篷里,拉上帐篷的拉链,在里面自己玩玩具。这一刻,他将自己与不断提要求的、焦虑地追求完美的父母隔开,拥有了真正放松的时刻。

有什么可以抵挡被一件件做不完的事情淹没的感觉，或者保护自己不被父母无处不在的控制以及要求吞噬？

答案是空间。一个整块的、隔开自己和那些必须做的事情的空间。

对被父母的要求包围和吞噬的人来说，他们与世界之间需要有一个空间。在这个空间里，他们可以玩耍，也可以什么都不用去做。

4

这就是对拖延的一种更深层的理解。

为什么我不愿意去做？为什么我这么喜欢玩？为什么我完成这件事情后需要那么多时间放空？

因为我小时候玩得太少，我不被允许去玩，我没有力量去创造那个游戏的空间，或者创造的游戏空间总是被父母打破。所以当我长大了，可以自由支配自己的时间时，那个内在的小孩就要使劲地玩。

这就是模式。

从这个角度去理解自己为什么将工作放到一边就是不想做，为什么玩的时候常常忘记时间，就很容易了。

每一个拖延的人内心都有个从未放松玩耍的"小孩"。因为小时候无法好好玩耍，所以现在有种强烈的动力要去做个孩子；因为小时候就是个被目标管理得很厉害的"小大人"，所以现在要反过来重新做一个孩子。

这很正常。孩子的生活里本来就少不了玩。当这个成年人重新做回孩子时，他可不就是要一直玩一直玩。

那么，成年人究竟在玩什么呢？其实就是重新去经历不曾有过的真正的童年，帮助自己构建一个空间，在那里，自己可以闲散地、没有目标地待着，不需要在父母的目标管理下做这做那。

这是一个人对自己的疗愈。没有任何目的，没有任何必须做的事情。玩是一种补偿，也是一种治疗。

有时候，当你浪费了时间，你便可以得到心灵的放松，疗愈曾经被任务包围到窒息的自己。

成年人，也需要一个无用的、玩的空间。

不健康的自恋不可取

1

这是一个真实的场景。

当我觉得应该写点东西，打开电脑又写不出来的时候，我开始了自责："我应该能写出很好的东西，但是我没有，这说明我太糟糕了！"

接下来我辅以精神分析，用对心理活动的理解来感受一下这段话。

"我应该能写出很好的东西"——这是一种自恋，一种超越自我能力的自我期待，好像自己能写出很好的东西是理所应当的。这可能来自早年父母的期待，并最终内化成自己对自己的期待。我的内心觉得这是一个最低的要求，并没有意识到这其实是一种过高的要求。

"但是我没有"——这是自责,好像我有一件应该做到的事情却没有做到。在我的内心住着一个审判者,他是一个严厉的法官,在指控我竟然没有做到一件应该做到的事情。这个法官可能是严厉的父母内化在我的内心,而这种"你必须,也应该做到"的声音看上去像是不可触碰的底线。但其实这不是底线,而是超越了我的承受力和能力的极限。

"这说明我太糟糕了"——这是来自我内心的评判,然而这个评判的依据是什么?如果依据是内化的父母所给的评判标准,那么写不出来好东西的自己便太糟糕了,因为这远远达不到他们的期待。但是如果我觉察了,我就会质疑这个评判标准:这究竟是谁定的标准?这个标准的参照体系是什么?它客观吗?符合实际吗?有多少人能做到?我是做得最差的吗?假如我没能达到父母设立的那个目标,我就是差劲的吗?

你对此有同感吗?

上文是我生活中的一个真实场景。也许我和瞬间跌入自我否定和自我批判的人的不同,只是我能够有所觉察。这就是一种心理学的姿态,是一种精神分析的方法,是可以去培养和学习的。

当我听到自己内心飘过那样的声音,并且这个声音强烈到我无法置之不理时，我就会思考这个声音究竟意味着什么，它从何而来，它的内涵是什么。

我思考它，以免我被它控制；我认识它，以免我被它吓倒而跪地求饶；我辩证地看待它，以免我被带入一个偏执的世界。在那个世界，人不可以犯错，不能完美满足父母期待的孩子便是糟糕的、不应该被爱的、没有价值的。

在这样思考之后，我便理解了它，这种理解就像一台 X 光机，让我把它的来龙去脉都看得一清二楚。然后，它便不再那么强大，不再主宰我的情绪，不再轻易将我的自我认知拉到谷底。

2

一定程度的自恋是健康的，而病理性的自恋是不健康的。

在我看来，不健康的自恋并不能说是自恋不足或者自恋太多，而是指自恋和这个人实际的能力、关系和所处环境无法协调到一致的状态。那他就会很难受，甚至会抑郁、自恋崩塌。

比如以 100 分为满分，一个人今年在工作上给自己定的目标是达到 70 分，而他的能力、所处环境刚好可以让他比较轻松地、在不耗竭能量的情况下达成目标。最后他完成了，他的自恋得到了满足，"我足够棒"的感觉被维护了，他肯定会奖励自己。这是一种自恋和现实达到平衡的理想状态。

但是，如果这个人给自己定的目标是达到 90 分，还浑然不觉这是个比较高的目标，就会带来痛苦。为什么呢？因为他有不健康的自恋，定的目标和能力、所处环境不符。他可能从小就活在父母的极度自恋里，父母对他投射了不合实际的期待，于是他也建立了这种不健康的自恋。他不允许自己做不到，也意识不到这是个严苛的要求，认为"这是个基本要求，我必须做到"。最后的结果有 2 种，要么他耗尽自己所有的精力去达到 90 分，达到了可以松口气，下次定个更高的符合他不健康的自恋的目标；要么他耗尽了所有精力也没达到，因此无法原谅和接受自己，便陷入深深的自责。这就是不健康的自恋让我们痛苦的原因。

这种不健康的自恋是一种不切实际的幻想，它的起因是父母的病态自恋。因为父母人格虚弱，所以他们需要幻想自己无所不能，认为自己可以培养出非常不同寻常的孩子，无论孩子做到什么程度，都觉得不够或者那是应该的。在这样的父母的长期培养和期待里，孩子无法建立真实客观的自我标准，完全被父母病态自恋的标准左右。他活在有问题的自我标准里，却无法识别其中的问题，无法在不可能中看到不可能（"这是必须达到的标准"），无法在严苛中看到严苛（"这哪里严苛，我就是对自己太放纵了"）。

他们的世界失准了。失准的意思就是，这个人给自己定的目标已经是 90 分了，但是他意识不到，觉得自己只是想做到 60 分。我的一位来访者就曾为此困扰，他说："我根本不是 60 分甚至不是 0 分，我是负分。好像我不做得好一些，就是欠了一大笔债。"

他们看不到真实的世界和真实的自己，于是活着就变成了一件很累的事情。

很多父母因自己人格的问题对孩子抱有不切实际的期待。这样的父母对孩子只有 2 种极端的态度——你必须做得完美，以彰显我的优秀，满足我的自恋；如果你不完美，那么你就是糟糕的，就是个亏欠者，只能得负分。

从养育的角度来说，虽然这是一件有点悲伤的事情，但也是生而为人的局限。意识到你已经内化了父母病态自恋的标准，摆脱它，成为你自己想成为的人，这就是你的成长和跨越。

看到这里，一定有人会问，如果遇到了这样的父母应该怎么办？

回到文章的第一部分，我尝试分析和拆解这个问题。你应该和内心的那个声音对话，看看你能否建立新的体验，能否试着不被那个声音抓住。

只试试即可，不要对自己又一次提出什么要求。

此时此刻，你如何看待自己？你对自己还满意吗？还是，你被那个病态的自恋带来的病态标准束缚，还在和它缠斗？

即使你是后者，即使你还在缠斗，我仍然要说，你是一个战士，你很勇敢。你或许还没有赢，但你也没有放弃，那继续努力吧！

好的死亡观，胜过一切心药

1

我们唯一能确定的，是有太多事情我们都不能确定。

其实，终其一生，我们都在防御着死亡。

在精神分析里有个关键词，叫作"防御"。有本书写的是一个人潜意识的防御手段，叫作《心灵的面具：101种心理防御》。

简单来说，我们的潜意识为了让我们的意识感觉好一些，会本能地防御自己不想体会或者可能承受不了的感受，用投射、隔离、压抑、理想化、合理化等方式掩盖它。好处是，我们不必体验那些令人害怕的感受；坏处是，我们也弄不清自己的真相了，因为潜意识的防御手段会让真相不能浮现在意识层面。

除非觉察并深入潜意识去思考，或者去做咨询或精神分析。

举个例子，一个内心自卑的男人，无论在现实中怎样成功，都可能觉得自己爱上一个女人是一件令自己羞耻的事情。他会担心对方不像自己期望的那样爱自己，他一旦真的爱上对方，就会同时体验到自己的卑微、弱小以及小时候渴望得到母爱却得不到的羞耻感。

他无法承受这种感觉，在潜意识里想要逃离。因此，当他和这个女人在一起，并从潜意识里意识到自己对她的爱和依赖日渐加深时，他的行为却会与表达爱相反——对她刻薄、挑剔，甚至将她推开。他总是会愤怒，觉得对方不够好。

这就是他潜意识的防御，不需要也不会经过大脑的批准和思考。

用精神分析的理论来解释就是，他的潜意识害怕体验到自己爱对方，因为爱对方会随之体验到羞耻感、自卑感、可能被拒绝和被抛弃的恐慌感，于是他用挑剔、愤怒、刻薄、"我不需要你"来防御，从而回避自己的真实情感。

如果没有足够的安全感和自信，他是不能让自己体验到"我陷入了爱里，我需要这个女人"的真相的。

当然，我们可以想象，这个男人自己都搞不明白，这个女人就更加不可能知道原来男人表现出的抗拒、挑剔和愤怒，竟然可能是爱自己所致。

你看，生活总是充满了对真相的误解。我们想当然地去做各种推测和解释，然而真相也许和推测南辕北辙。

2

怎样做才能不南辕北辙？那就是当我们离潜意识更近的时候，这时防御也就不需要登场那么多次了。

可是，如果我们无法让自己变强大，去面对那些糟糕的感受和体验，又怎么可能丢开防御这个"拐杖"呢？

我们不只是不敢表现出真实的自己，还不敢去体验自己软弱、平凡和渺小的部分。

就像上文说的男人一样，他之所以害怕离自己的情感太近，是因为可能会体验到自己不被爱的羞耻感和可能被抛弃、被否定的恐惧。

在关系里，我们最害怕体验到的就是这种感觉。

当我们犯错，被外界评判为"不够好"，被另一半嫌弃，看到父母失望的眼神，觉得自己没有达到自己内心的预期时，很多人都会体验到一种"自己糟糕到被整个世界遗弃"的感觉。

"好像一个人孤独地站在山顶，四周什么都没有。"

"好像被淹没在海里。"

"好像一个孩子站在废墟里，周围没有人。"

这不是真实发生的事情，却是很多人内心的真实感受。

这种感觉究竟有多可怕？体验过的人都知道，这种感觉其实和死亡一样可怕。

3

如果一个人并没有形成稳定且完善的人格，而是因儿时的创伤，人格发育还停留在孩提时代；如果他的妈妈不曾用持续的、足够的爱，筑起能给他安全感的围栏；如果妈妈也不曾用足够的接纳，让他相信自己是被这个世界所爱的，那么他就会很容易跌入对死亡的焦虑中。

当这个人在成年后被别人拒绝和否定时，他内心回忆起的可能就是自己在幼儿时期，被妈妈拒绝、忽视、否定后所体验到的"我会失去妈妈，失去关系，然后从这个世界消失"的恐惧。

足够好的妈妈非常少，拥有稳定的人格内核的人并没有我们以为的那样多。因为别人的一点否定，就陷入充满毁灭感的恐惧的人，其实才占多数。

这就是《被讨厌的勇气》这本书虽然被大家追捧，但"被讨厌的勇气"仍然是心灵奢侈品的原因。

在理智上，我们知道自己如此害怕被讨厌、被否定、被抛弃的原因，但是，情绪永远先于理智到达。

在情绪上，当一个人体验到自己不被爱或者被别人拒绝的时候，就有可能感受到被抛弃的恐惧。

此时，理智没有登场的机会。因此，当你不留情面地去批判自己为什么是讨好型人格的时候，你需要先弄清自己去讨好的原因。

讨好其实就是你对"不被爱"的防御，但这不是解决之道。防御只是"躲"，不是解决。

我们明明在努力做到最好，兢兢业业地维护着别人的信任和喜欢，却无数次陷入失控。

我们经历了别人的失望，也品尝着对自己的失望。无论多么努力地想要在关系里做好，我们最后还是遍体鳞伤。我们一边说要做自己，要看见自己，一边本能地抗拒去接近事情的真相。

我们不敢真实地表达自己，也没有心理空间去容纳对方的真实。无论是对自己，还是对伴侣、孩子等其他人，我们都紧绷着。

我们不敢看见自己极度脆弱、疲惫的内在。我们在朋友圈里阳光灿烂、开朗乐观，甚至还在自我成长的领域里努力奋进，告诉自己"一切都好"，以此来抵抗我们内心的恐惧。

解决之道是什么？

让我们离自己的潜意识更近的方法是什么？

怎样可以减少无意识中的防御，变得更加勇敢？

怎样可以更加真实，不那么害怕被抛弃、被否定？

答案是，如果有一天，你能直面隐藏在恐惧后的关于死亡和消失的恐惧，那么上述这些问题就都迎刃而解了。

有人也许会说，我不明白为什么这些恐惧和死亡有关。

那么我换一种表述方式，你来体会一下。如果你连死亡都不怕了，你还害怕什么呢？如果你连消失在这个世界，丧失你所拥有的全部（包括自己），都不害怕了，你还害怕什么呢？

我们终其一生都在想方设法地消除对事情失控的恐惧，这只是对内心始终存在的那份对于死亡的恐惧的防御。

我们想掌控关系、事情的进展、他人的评价、伴侣的态度、孩子的学习、自己的身体甚至朋友圈里的点赞。我们想掌控我们在意的一切，并试图在这种掌控里获得安全感。

我们基本就活在 2 件事情里：一是尽可能地防御，避免体验到被抛弃的恐惧；二是尽可能地掌控，更多地体验我可以掌控此刻和未来的感受，累积出"我甚至可以掌控死亡"的无所不能感。

因此，"向死而生"是最明白的活法。搞清了我们和死亡的关系——这是我们无法掌控的——我们就完成了对死亡的接纳。

连死亡都可以接纳，还有什么不可以接纳的呢？

既然死亡是无法掌控的，你还要去掌控那么多事情的意义何在呢？

你应该放手，而放手会让你获得真正的自由，也意味着你将不再害怕。

有的人说，我的人生已经很自由了，我不在意收入、地位，只在意我自己是否快乐、是否平静。但这不是真正的自由。你不再在收入和地位上对自己进行考核了，但是你仍然在快乐（心情）、平静（情绪管理）这些事情上对自己进行考核，你只是换了一个跑道而已。

你还是在试图掌控，因此你也在不断被现实击溃。

就像很多来访者会在咨询时问我："我看到了自己的内在模式，要怎么做才能改变呢？"

"要去改变，就是一种控制啊。"

如果只是看见，那就是接纳。如果非要去改变，不达目的就接受不了，那就是掌控。

4

很多来访者与自己的和解，发生在听到咨询师温和且坚定地说"这不是你能改变的""努力也不会达到那个结果"的时候；发生在咨询师可以接纳他的做不到，接纳他主观上怎么努力也改变不了的潜意识，接纳他不满意咨询效果而开始攻击自己或咨询师的时候。

心灵成长的真相在于，如果在自我接纳的路上走下去，我们最终可以接纳死亡。

如果我们连死亡都能接纳，那也一定可以接纳自己的不够好，接纳自己的不被爱，接纳自己的孤独，接纳无法掌控的林林总总。

反过来也成立。如果我们越来越能接纳自己的不够好，去拥抱不完美的自己和期待之外的世界，那么我们就能越来越自如地面对对于我们最终会归于虚无的恐惧。

不挣扎也不躲藏。

我最近读了一本书，书名叫《此后再无余生》，作者是美国思想家爱默生的玄孙女妮娜·里格斯。2015年，她在38岁时被确诊乳腺癌。2017年3月，在经历了不间断的治疗后，她最终还是离开了她深爱的丈夫，9岁和6岁的两个儿子，以及她深深眷恋的人生。

她在人生的最后1年多，写下了这本书。

候诊室里满满当当都是焦躁不安的女人，从20岁到90岁都有，她们穿着一模一样的灰色病袍，就为了确认自己得的癌症到底是哪一种。好像她们的手中握有这么一份地图，旅途就不会那么障碍重重。

大约凌晨4点，我感受到他的手覆在我的后背，他喃喃自语，"我是多么害怕，害怕到无法呼吸"。"我知道。"我说着往他身边靠了靠，不过仍然背对着他，"我也很害怕"。

我能想象稍稍松手的感觉，温暖、危险、诱人。如果那就是死亡的感觉呢？我想也许爱上那种感觉也没什么不好，松开紧握在别人腰上的手，让地心引力和命运主宰一切，这像是一种好到令你无法抛弃的念头。

——摘自《此后再无余生》

她眷恋人生，也很害怕人生，试图掌控人生。但是从这本书中我看到了一个脆弱而渺小的生命，在最终的结局面前真实且有力地存在。

书中记录了她在2年不到的短暂时间里，在转瞬即逝的未来面前，创造出的很多艰难与美好并存的当下。

和丈夫的、和朋友的、和孩子的、和父母的。她所活过的每一刻，真实到死亡也无法将其抹去。

下面是我读这本书时随手写下的读后感，分享给大家。

防御是什么？是你的堡垒。让你看起来还好，还算坚强，还算自信，还算得体，还算有人爱。

打开防御是什么？是摧毁那个让你看起来还好的堡垒。

摧毁堡垒后，你看到了那个非常脆弱、自卑，有些不堪的，也并没有被人特别爱着的自己。

但是，如果你可以面对这个堡垒中的自己，能爱这个堡垒中的自己，那么你就再也无须活在幻象里，无须对别人证明自己，无须花大力气去维持你的防御。

如果你可以呈现你的脆弱、自卑、不堪，甚至不被爱，那么你就可以和任何人建立真实的关系。

你的真实，才是这世界上最有力而美好的存在。

/04

"总想活得正确"是不合理的

1

总想活得很正确，其实是一种扼杀自己生命力的活法。

很多人似乎就是活给自己的"超我"看的。他们心里有一个审判者——"超我"。"超我"像一个严厉的老师，总是在告诉他们"什么是对的，什么是错的"。

严厉的"超我"是很可怕的东西，如果是老师，你还可以反驳他，或者只是假装听他的，但是，"超我"不是老师，而是你内心的一部分。它在你的自我里面，是长在你心里的东西，和你完全属于一体。因此，"超我"的严厉，就是你对自己的严厉。

举个极端的例子，比如我们稍微懂事点就知道，违法犯罪肯定是不可以的，这就是父母、社会文化赋予我们的"超我"，是长在我们心里的一部分。

它像一个标准。判断什么可以，什么不可以，你做了什么是犯罪。

可是，很多人的痛苦在于，"超我"太严厉。如果一个人"超我"的标准又多又高——"这也不可以，那也不可以，一定要这样才对，一定要那样才说得过去"，要在这些标准里活得非常正确，那这个人就被死死地限定在了一个框里，根本无法绽放其内在的生命力。

2

我曾经说过，允许不对，才是自由。如果已经有一个框在那里，限制我们必须也只能做"超我"允许的正确的事情，那么我们当然是不自由的。

我有一个来访者，在最近的咨询里告诉我，她终于决定辞去体制内的工作，和丈夫一起去国外发展，迎向未知。她的父母亲、很多亲戚朋友都非常反对这个选择。为此，她在痛苦中煎熬了很久。

她的家人和朋友都觉得，她拥有一份别人梦寐以求的稳定工作，可是只有她知道，她在这份工作里过得有多难受。

　　我对她说："那是别人的感受，不是你的。只有你才知道你的感受。"

　　可是当她接受了自己不需要别人都理解她的感受，而是可以基于自己的感受去做选择的时候，真正的问题才出现。

　　那就是，她觉得她得保证，能够找到其他比现在好的工作，或者如果她去别的地方发展，无论是收入还是感受都应该比现在更好，这样她的新选择才是一个正确的选择，她的离开才是正确的。

　　"我真的没有办法确定我换的工作一定会比现在的更好，但现在的状态又真的不是我喜欢的，这实在令我痛苦。"

　　一方面，她想要改变，踏出新的一步；另一方面，她觉得自己的新工作必须可以跟那些反对她的声音，以及她自己的"超我"证明："我的决定是对的，换的新工作一定会更好。"

　　因此，她进退两难。

　　我跟她说，你根本不可能有一个完美的选择来符合这两个条件。因为第一个条件是改变，还未发生，未发生的事情无法证明其对错。而要符合第二个条件，就需要你在做选择前，能保证选择的绝对正确。这怎么可能呢？

如果绝对正确是改变的先决条件，那谁也无法踏出改变的一步。

3

这位来访者有一个非常严厉的父亲。

她的父母当年日子过得不容易，可以说"每一步都要谨慎，不可行差踏错，才能保证好的生活"。因此，她的父亲在每一件事情上都有极为明确严格的"正确标准"，他认为正是循着这套标准，自己才能过上安稳的日子。

这套标准被父亲的女儿——我的来访者的"超我"继承了。

我们对父母天然的认同，会让自己潜意识中的"超我"带有父母的影子。即，他们的标准就是我的标准。

哪怕一个人在理性上知道没必要对自己这样要求，可是潜意识还是会有强大的动力，要让自己变成父母"超我"中那个正确的样子。

有的人完全可以不那么努力，或者不要把自己搞得太累，从而保持轻松愉悦的生活状态，可是他刚要停下来休息，"超我"

的声音就会响起："你怎么这么放纵自己？人生这样会被浪费！不进则退，你这样放松下去不会进步，会被社会抛弃！"

于是，这个人根本无法心安理得地松弛下来，他的脑海里一直有一个严厉的声音在给他设置一个更高难度的任务。

我想问，这个严厉的声音是谁的声音？是他自己的声音，还是他父母的声音？

"不进步就会被社会抛弃，享受生命就是浪费人生"，这个观点显然是他的父母在当时的社会条件下形成的观念，那么这是否适用于现在的他呢？

当然不适用！

父母和他不是一个人，他们的原生家庭不同，社会资源不同，文化程度不同，焦虑的事情不同，内在的创伤不同，个人的需求也不同。

为什么关于对错、可不可以的标准，还要相同呢？

父母、祖父母、曾祖父母，长辈们的判断标准和内在信念，都刻在了孩子的"超我"里，在潜意识部分一代代传递。

如果我们不觉察内在"超我"的部分，不去剖析自己，不看清楚那究竟是谁的判断、谁的声音，如果我们没有对"超我"有质询的态度和精神，我们很可能活了大半辈子都活得浑浑噩噩。

明明可以活成别的样子，结果兜兜转转，你还是活成了父母的样子。

4

让"超我"松动的方法，就是成长。

我们要学会反思。这个反思不是找自己的错，不是自责，而是学会对限制了自己的"对的标准"提问，重新思考"为什么一定要这样做才是对的"。

对我的来访者的父母来说，他们的人生非常艰难，他们的生活经历让他们深刻意识到，如果有一件事情出了问题，就会对自己造成很大的影响。因此，他们形成的关于生存的经验，也就是"怎么做才对""什么是绝对不可以的"，其实就是一种集体创伤后本能的应激反应。

因为差点被水淹死，所以怕水，这是创伤后的应激反应。于是这个人觉得，远离水才是对的，这就是他的适应性标准。

"我只有这样才能活下去"，这就是我们的祖辈形成的适应性

"超我"标准。这种标准对我们现在的生活并无太大的指导意义，因为现在的社会、经济、文化已经大不相同了。

这样的标准曾经是他们的真理，现在却成为你巨大的束缚。

如果你能向这个标准，也就是你的"超我"提问，那么你的"超我"就已经开始松动了。因为你开始明确地怀疑它，而不是盲目继承和认同。

我想说的是，必须确保结果正确才能做出改变的人，是把因果关系搞反了。如果要确保结果正确才能做出改变，这是很困难的，因为你无法按现在的"超我"标准去确保结果的正确。

但是，假如你先选择，你就有了新的体验，而新的体验、经历、身份会让你重塑你的"超我"，也就是你会在体验中建立起自己的新标准，你在你的新标准里定义对错。当你的标准更新后，你就可以确保自己是对的，你可以更自由。

我的来访者告诉我，她已经决定要去国外发展了。当她放下那个满足旧"超我"的"绝对要正确"的执念，先踏出改变的那一步时，她在新的体验和环境里会形成新的"超我"。在新的标准下，她就是对的。

不要用结果的正确与否来限定你本可以尝试的选择，而是要不断用新的体验去颠覆那些限定你的陈规，创造出属于你的正确标准。

让正确的标准来为你服务，即创造适用于自己的"超我"，而不是活在别人的正确标准里为标准服务。

如此，方能活得自由。

有时候，你离改变人生，真的就差一步。

负性能力才是最值得羡慕的能力

1

负性能力是一种稀缺而且了不起的能力。

举个例子，在我发布的一篇文章的留言处，有个读者留了 4 个字——看不懂了。我回复他："看不懂，也没有关系。"

在我们的人生中，无论是在面对自己的时候，还是在面对一些期待之外的事情的时候，负性能力都能派上用场。

这是需要我们慢慢学习、慢慢培养的能力。我们是否能在一种看不懂、不能理解、找不到解决方案的状态里安稳待着？这里的"待着"就是一种负性能力。

2

在生活中，我们时常被恐惧、焦虑、担忧等情绪困扰，每天都可能遇到各种各样的问题，而有些问题我们甚至不能理解为什么会发生在自己身上。有时，我们想勇敢地面对、解决，却发现找不到解决方案；或者这个问题真的很难，一时之间不知道怎么解决；又或者我们已经尽了最大的努力，但仍然没有任何进展，问题依然存在。

当局面不但没有变得更好，反而变得更糟糕的时候，我们也许可以寻求负性能力的帮助。

在生活中本来就有很多这样的时刻：解决不了、弄不懂、提出的问题没有人能够回答。

负性能力是稀缺的，因为最早、最适宜产生它的情境，是在我们的幼年阶段。在婴幼儿时期，假如孩子的父母很理想、功能特别好，他们就能够帮助孩子培养这种负性能力。

比如，孩子遇见了一件对他来说很糟糕的事——考试考砸了。这件事情对孩子来说是"我既不能理解也无法接受的，让我非常有压力"的一件事情。

如果他的父母有负性能力，他们就能在内心完成一个过程——接住负面状况，并且能够在这个负面状况里待住。

也许父母找不到快速让孩子的学习成绩变优异的方法，也找不到特别好的解决方案去帮助孩子调节情绪，让他能够更理性、更自如地应对考试或面对挫败。虽然这个局面对父母来说也是很困难的、很负面的，但他们的内心仍然能够接住这种负面状况，能够允许自己在这个局面里待着，而不是马上产生很多的"不可以"或焦躁不安，然后拼命去做很多事情。

然而在现实里，很多时候父母甚至会直接将这个不能承受之重扔给孩子。在这样的养育模式里，孩子久而久之就没有办法从父母那里获得消化处理负面情绪的能力了。

如果养育孩子的父母有负性能力，那么孩子在被养育的过程中，也会渐渐形成负性能力。

3

强者就是能应对所有人和事吗？不。

在我的咨询工作中，我形成的对于强大的理解就是——强者必然拥有负性能力。

拥有负性能力，能够让我们在面对一个问题时，虽然不能解决，也不能理解，但我们也能够安静地待在不能解决和不能理解的状态里，而不会感到不能承受。

咨询师在咨询中面对来访者时，会说"我也许和你一样不知道"，这里咨询师说的"不知道"的背后有一种人格支撑的力量。

当咨询师拥有负性能力，能和来访者一起稳稳地待在"不知道""不能解决"或者"不能控制"中时，那么在长期的心理咨询中，来访者也能慢慢地习得负性能力。习得负性能力，也是我们成长的一个很重要的路径。

自我成长的最大好处是什么

1

在生活中，人和人之间的连接是特别重要的。可以说我们每天所有的情绪，感受到的快乐、悲伤、愤怒或是无奈，都与身边的环境相关。

这个环境是由人组成的，也就是说，我们如何与这个世界产生碰撞，取决于我们身边有怎样的关系。亲密的关系对我们的影响更大。

自我成长有一个非常大的好处，就是它会让我们和这个世界的关系变得和谐，让我们获得更多愉悦的、平静的、满足的感觉。

为什么会这样呢？

因为当我们的自我不再是一个个碎片，不再有那么多创伤，不再是那么虚弱的自体，而是越来越稳定和牢固的时候，我们就能不会被外界过多影响。

我们身处关系中，但不会被关系过多地牵扯，不会将关于自我的所有感知都附着在他人对我们的看法上，也不会完全附着在这个关系的另一端。

当自我成长到一定阶段时，我们可以将内在的那个自体装满。

用什么东西去装满它呢？我想这里可能有我们和关系之间、和他人之间的积极体验，有他人对我们的认同，有我们由此形成的对自己的认同，也就是关于自我认知的部分。

这时，我们有了一些对于自我的定义。这些定义让我们对于"我是谁""在哪里""我在这个世界的什么位置"越来越确定，当达到了这种状态时，可以说你的自我既饱满又稳定。

我不再需要那么多依附与关系，不再需要从关系中确定"我是谁"。同时，我不再需要总是从关系中索取爱、认同、接纳。我不再是一个被动的人，不再是跟你在一起就一定要你给我些什么的那种人。

这就是自我成长的最大好处之一。

2

当我们达到这样的状态时，就可以更好地和周围人相处，不会再在人际关系中轻易感到自己被伤害、被欺负、被瞧不起、被忽视。

我们不会再有那么多的失望，我们能够将期待定在一个合理的范围里，可以更多地去满足自己，可以因自我的稳定去接受更多的不如预期。

我们需要去接纳自己不那么完美。因为接纳了，所以在我们心里自己才能成为一个整体。

我们不需要再去切割内在的某一个部分，也能让它变得足够好。因为很多时候，我们在自我没有成长到成熟阶段时，可能总是在嫌弃自己。

当我们跟自己很多做不到的地方过不去，觉得自己的这个地方不好，那个地方不好时，我们也会以同样的眼光看待关系中的他人，因此我们会在亲密关系里觉得对方也有很多不好的地方。

于是，我们的生活被很多不好的定义和感觉填满。而当你去指责对方的时候，你又会被对方指责，你的生活中就会有越来越多的负面情绪。

那么，我们从自己开始，想象自己就是一个杯子，在里面装了一些水或者其他东西。这个杯子或许有瑕疵，那么我们能够在多大程度上接受它的瑕疵呢？

如果我们觉得这个杯子没有固定的形状，也许总会想着改变它。可是一个固体是不需要或者也不会被改变的。我们所能改变的是我们对自己是一个这样的杯子，一个不够完美的杯子的接纳。我们所能做的是在每一个当下好好地观察它究竟是怎样的杯子。

是的，它会有一些缺点，但是你看到它的花纹了吗？你看到它的结构了吗？你看到它里面装的东西了吗？甚至也许有一天你看到它的某个缺口、某条裂缝，就能回想起关于那个缺口和裂缝的故事，它们让这个杯子变得如此不同。这时，我们也会带着不同的眼光再去看那些遗憾。

因此，首先我们要成为这个杯子，稳定结实地存在于这个世界中，然后去学习观察、接纳，去看到它的每一个细节，最后我们便可以用这样的眼光去看待他人。

我想这会给你带来非常大的改变。

敢于直面内心冲突才是真的长大

不能接受不该发生的事情发生，是很多人出现严重心理问题的诱因。但这不是因为你"运气不好，遇到了糟糕的现实"，而是你一直对现实带有"滤镜"，看不到真实情况，这意味着你还没有锻炼出接受真实的能力。

真实本身就不完美，如果你能去面对，无论面对的过程多么艰难和不堪，都意味着你通过了"心理成年"的测试。

我收到了一封读者的来信。

我在 33 岁那年，在单身的情况下生了孩子。我听到了各种流言蜚语，被他人冷嘲热讽，我被周围人孤立了。我也想过换个环境，但又觉得不能逃避，必须面对这一切，不能让希望我离开的人得逞，我也需要在流言中变得强大。

这种孤儿寡母被欺负的感觉，我真实地体会到了，或许这才是世界的真相。

我该怎么做才能改变目前的不利局面呢？

我们是不能改变世界的真相的。我们能做的是看见和理解这样的真相，然后做出自己的选择。

这位读者的来信让我们看到了一个很糟糕的、令人心痛的局面：被人排挤、攻击、孤立、欺负，但这不是一封令人担忧的信，即使写信者面对的现实对她如此不利，但我从她的信里感受到的是一种愿意去面对的积极态度。

可以说，我感受到了一种力量，这种力量是对糟糕的现实的接纳。

她可能阻止不了流言的传播，也无法让大多数排挤她的人改变对她的立场和态度。她能做的只有"我如何应对"这个部分。

面对不可控的糟糕事情的发生，每个人交出的答卷都是不同的。她说，我不能逃避，我必须面对这一切，我要在流言中变得强大。这让我看到了她的积极态度。她没有责怪现实，而是选择面对现实。这就是一种接纳的力量。

如果这位读者在面对不友好的现实时不断追问：为什么他们不能理解我？为什么他们要这样攻击我、议论我、排斥我？如果她不断去控诉世界之可怕，人心之黑暗，她很难因此拥有力量去改变什么，也很难过得更幸福和顺利。

这位读者其实已经接受了现实，然后她决定去尝试在流言和困境中变得强大。

虽然前方充满了考验，但我不觉得她会出现严重的心理问题。因为她的内心和现实之间不存在特别强烈的冲突。之所以不存在特别强烈的冲突，是因为她接受了现实的不可控。

内心冲突是我们痛苦的根源，想要控制的执念也是。

"我不希望发生的事情，竟然发生了。"这种生活不受自己的控制，超出预期的感觉，让很多人的内心处于崩溃状态。

我有抑郁症，可是我为什么会抑郁呢？

我有焦虑情绪，可是为什么我不能停止焦虑和担忧呢？

我晚上失眠，可是为什么我不能像别人一样倒头就睡呢？

我希望有白头到老的婚姻，可是为什么我的丈夫会出轨呢？

质问和反问都表示不接受已经发生的事实，很多人的内心几乎是定格在了这种一遍遍的质问和反问里，永远不能接受，也就永远没有下一步的"面对"。

　　我害怕我接受了这样的现实，就得去面对生活其实不可控的感觉。

这是一种内心独白。因为不想面对人生不能完全受控的可怕感觉，所以一直逃避。

这位读者也可以逃避。假如她换一个地方生活，隐藏自己的情况，或许就没有人会排挤她了。逃避可以帮她活在"我能控制"的假象里，但逃避要花费很多能量，因为她要不断地和真实对抗。逃避也有风险，因为她没有锻炼自己面对真实的能力。当有一天她无法逃避时，可能会崩溃得更彻底。

我朋友家的一位长辈年近 70 岁，他一辈子都不愿意去医院体检，感觉不舒服就自己在家治疗。如果不是儿女看到他的脚肿得厉害，连皮肤颜色都变黑了，甚至开始出现肾衰竭的其他症状，将他强行送进医院检查，他可能连做透析的机会都没有了。

他在医院检查后，医生直接发了病危通知。他的肾衰竭程度已经到了非常严重的地步，抢救过来之后，他需要一周进行 3 次透析。而这时，他还在说"我没病，情况一点也不严重，我不舒服吃点药就好了，我可以自己治疗"。

这位老人为什么会这么不顾现实，自说自话，甚至不惜以生命为代价呢？

因为相对于生命，他更不愿意放弃"我可以掌控我的身体"这种内心的感觉。如果承认并面对自己有可能身患严重疾病的事实，他就需要去面对"有一些糟糕的事情其实不在我的控制之中"的感觉。

那是非常可怕的，对他来说和死亡一样可怕，甚至比死亡还可怕。

逃避是很多人应对"人生不可控的真相"的方法。面对身体健康的不可控，这位长辈选择的是"不体检、不看病"，即使被诊断出患有严重的肾衰竭还要说"我没病"。面对婚姻中关系的不可控，也有人选择逃避。他们认为只要我不离婚，我就可以假装自己的婚姻很幸福，我的婚姻是可控的，并且掌控在我的手里，而我愿意为此牺牲我在婚姻中应获得的幸福。

假如承认我生病了，我就要去面对自己会罹患疾病，身体健康不在我掌控之中的未知；假如承认我的婚姻出现了难以修复的问题，我就要去面对婚姻关系可能破裂，不在我掌控之中的未知。

所以，我宁愿逃避。

2

如果以"不可控"为分水岭，回避不可控的人生和接受不可控的人生，是两个完全不同的阶段。

在上文中，回避疾病的父亲和回避婚姻问题的人要付出的代价，前者是失去生命，后者是失去拥有幸福婚姻的机会。而接受不可控的人生和不可掌控的外在现实的能力，恰恰是在所有现实面前牢牢掌控自己内心的能力。

人们都说掌控感很重要。掌控感越强，我们就越觉得安全、幸福、确定。但是很多人对这种掌控感有很深的误解。

如果一个人特别害怕自己对外在现实的掌控感被打破，那么挫败和幻灭或早或晚都会来，因为身体、境遇、关系等都可能出现意外。这才是真实的世界。

　　但假如我们追求的掌控感是在面对不可控的现实和未来时，有一种掌控自己的内心、自我、人格的能力，那么这种能力越得到锻炼和提升，我们就越能体验到真正的放松和安全。

　　让我们体验到放松和安全的不是我们可以控制外部现实（本来这就是不可控的），而是我们确信自己能够掌控自己，我们可以信任自己。

　　如果一直躲在"外界是自己可控的"这一假象里，我们的人生就只能停留在第一个阶段——"回避不可控的人生"。

　　如果真的遇到了无法回避的打击，我们的信念可能会被彻底颠覆。而信念之所以被颠覆，是因为这个信念本来就是假的——我们觉得我们能够控制外部世界，糟糕的事情不会发生在我的生活中。

　　这个信念在整个人生中，被颠覆的概率很高。

　　有一句让我印象深刻的台词是——如果无路可退，我选择的永远是'正面突破'。"

　　当不可控的糟糕现实来临的时候，我们是无法改变的。这种现实或许会将你拖入不断逃避真实的虚妄幻想里，或许会直接将你拽入举手投降的心灵深渊，但如果你选择"正面突破"，那么你就进阶了。

只要坚持着自己的存在，就好

生活很不容易。

我的一位从事心理咨询工作、30 岁出头的好友，在新年时未能如约参加我们小范围的聚会，她在我们的聊天群里发了一段话："我的父亲已到癌症晚期，现在出现了新的转移，目前他可能已经进入人生的最后阶段了。我最近也被查出了比较严重的疾病。我感觉人生的厄运接连袭来，抱歉这次不能准时和大家相聚。"

这是一个长得很漂亮，对心理学有颇深理解，对人生有很多思考的女士。同时，她也是一位母亲，孩子还未满 2 岁。

她常常在是陪孩子，还是发展自己喜欢的事业之间为难，而父亲患癌数年即将离开的现实，以及自己患有重病的身体状况，都让她被拉扯着。她非常期望生活可以回到正轨，期望能够过上安定平顺的生活，给孩子最好的爱，但是她发现自己无论怎么努力也做不到。

"人生的厄运袭来。"当她这样说的时候，我们在新年却无法对她说出"新年快乐"这样平常的祝福。

我在微信群里打出一句话："所谓的战胜命运，其实并不是赢，而是我们要在风浪里坚持住，不被打垮。"

她回复说："是的，我正在体验你说的这句话，我臣服于这一切，挺住。"

2

我有一位来访者，她的孩子患有阿斯伯格综合征[①]。

在第 15 次咨询的时候，她很焦虑。她对我说，期中考试的时候，孩子在考语文时崩溃了，试卷写了 1/3 便开始大哭，并且拒绝继续参加考试。

在读一年级时，孩子还能理解和跟上老师教的知识，但是到

[①] 自闭谱系中的一种，是一种广泛性发育障碍、社会交往能力障碍，对规则意识、他人的情绪和表情不理解，可能伴随学习障碍。

了二年级，由于理解障碍等阿斯伯格综合征造成的问题，他的语文学习陷入了危机。他不会造句，也不会看图写话，无论老师怎么教，他就是难以动笔。后来，孩子在课堂就非常游离，常常站在教室后面，根本不坐在座位上听课。

临近期末，来访者很崩溃："我已经给了他我全部的爱和耐心，我觉得我做到了极限，但是周围的很多人并不理解孩子的疾病，只会觉得我的孩子为什么那么糟糕，语文只考了30分。我可以不在乎别人的看法，我也对孩子说了，考试成绩没那么重要，你只要努力去把你会的题目做了就好。但是他现在似乎连在课堂中待下去也变得困难了。"

但事隔一周，在第16次咨询时，她看上去很高兴。

"孩子的语文老师最近跟我说，孩子之所以排斥学习，游离在课堂外，是因为他对自己有要求，他希望自己能学得很好。但是和大家对比后，他对自己特别失望，才越来越自暴自弃。

"语文老师问我，她可不可以在期末考试时单独给孩子准备一次考试，会选择孩子有能力去做的题目，没有造句和看图写话。她说，她只是希望孩子能够自信起来。"

她说到这里时，笑容被哽咽代替。她开始哭泣。她边哭，边对我说："你知道吗？这就像黑暗里的光，我在那一刻，真的感觉到了爱。"

3

　　下面这个故事的主人公是一位曾经罹患抑郁症和焦虑症的来访者。她在6年前患上抑郁症，后来通过咨询和药物控制，进入了平稳的状态。她现在每天只需吃1/2剂量的抗抑郁药，就可以"感觉不错"。

　　但是最近一年，她的生活遭遇了巨大的变故。弟弟的婚姻濒临破裂，家族企业巨亏，这些外因再一次诱发了她的抑郁症。这次发作比较严重。

　　她努力坚持每周接受一次咨询，按医嘱服药。她和每天早晨那种不知道会发生什么的感觉斗争，与每一个夜晚准时到达的焦虑和恐惧斗争。于是，抑郁再一次被控制住，甚至要被战胜了。

　　她在12月底的咨询里告诉我，自己的状态很好，感觉有能量去摆脱抑郁了。她还告诉我，自己将其中一种药减少了1/4的剂量。她希望能慢慢将服药剂量减少，毕竟她现在每天服用的药物多达 4 种。

她神采奕奕，眼睛里闪着希望的光。

然而就在 2 周后，在 1 月初的咨询里，她沮丧地告诉我，就只是减了一种药 1/4 的剂量，自己竟然就又跌回极为糟糕的感觉里。

"这一次我觉得害怕了，我怕我自己不会好了。我这么努力，坚持了这么久，可是又回到了原点。我怕自己需要终生服药，那我就再也不能成为一个正常人了"。

我对她说："'正常'这个词是你的一个标准。你认为的'不正常'只是没有达到你给自己定的标准。难道这就意味着失败吗？

"在这段时间的咨询里，我看到了你的成功还有你的力量。你曾经很低落，但是你又能站起来。我觉得你好像是一艘船，航行在海里。你知道风浪很大，但是那个风浪不会完全毁掉。你知道你会坚持下去，并且清楚自己不会被吞没，不会就这样消失，是这样吗？"

她默默点头，然后对我说："我看到了那艘船，也看到了海浪，我知道我可以在海浪里活下去。"

4

最后，我想给大家分享一段话。

时间的流逝不以你的意志为转移，

失去不以你的意志为转移，

得不到不以你的意志为转移。

我们在人生的风浪里，活得可能都不容易。

但是，我想对你说的是，

风浪不以你的意志为转移，却也不能摧毁你。

人生的战胜，不是赢，而是坚持。

坚持，不一定是要到达什么地方，

不管多么黑暗、悲伤、无力，

只要你坚持着自己的存在就好。

结 语

每一个人的内在小孩都要由自己去守护

1 活得很急切的人，是很难体验当下的。好像背后有东西在追赶自己，不能停止奔跑。怎样才能拥有当下呢？就从我们回头看究竟是什么在后面追赶自己的时候开始。

....

2 心理成长不是切除你的毛病，而是探究毛病的实质，弄清你的不满意从何而来。让你离自己的感受更近，可以去爱和接纳自己。如果有了爱和接纳，一个人就能重新成长。

....

3 只能接受好的事情、好的结果、好的走向，不能接受任何与"好"背离的东西，同样也是一种强迫。

....

4 能够接纳自己不完美的母亲，才能成为一个对孩子拥有接纳功能的母亲。

5 处理情绪不是告诉自己要宽容，不是压抑愤怒不表达，而是搞清楚自己的情绪究竟来自哪里，它如此强烈是不是在提示你什么。

6 我们总是付出很多努力，去挡在我们"最大的害怕"前面。焦虑也是其中一种努力，它是本能地阻止坏结果发生的心理机制。

7 被别人期待着，然后自己也认同了别人的期待，将自己逼到"一定要怎样"的位置。可想而知，你会有多少压力，会有多少焦虑和恐惧，会有多少对自己的不放过以及不允许。

8 所有的负面情绪都是我们的一部分，所有跌倒的经历也是我们的一部分。尽管它不够好，或者很糟糕，却忠实地反映着你的人生、你的情结、你的爱与恨。

9 只有看到并理解了别人的真实，你才不会因别人对你的伤害而觉得自己是一个不值得被爱、不值得被好好对待的糟糕的人。这是"理解他人"带给自己的一大好处。

10 婴儿没有整合能力，他们看到的世界非黑即白。而心智成熟的人一定知道"只用对错衡量世界及他人是一种偏执"。如果婚姻简单到只讲对错，那么这就是一个"婴儿般的婚姻"。

11 每个人的内在小孩都要由自己去守护。自我负责才是最好的心态。

12 关于改变他人，我们需要知道，无论你怎么努力，也只能解决当下这一件事情，你改变不了他人的人生，也改变不了一个人早已形成的固化的模式。

13 一段好的关系，一定是包含了接纳的关系。而一段有生命力的爱情，一定是包含了接纳的爱情。

14 当我们能够更多地去接受对方的真实和生活的真实时，才能在关系里和爱情中走得更远。

15 每个人都要活在适合自己的位置上，这个位置不一定是最好的，也许只是还可以的、还说得过去的。但是只要你能认同这个位置，你就能感到满足。这就是"自我接纳"。

16 感情是两个人的事情，而另一个人会怎样真的不是你通过努力就能完全掌控的。对感情的无常抱有敬畏，对自己的无所不能抱有怀疑，这样就会减少很多因执着而产生的痛苦。

17 不再那么期待关系，也不再被关系所定义，你才能拥有你自己。

18 爱，是当"我"不够好、做不到、不想做、很糟糕的时候，仍然能喜欢、接纳、抱持、理解"我"，并对"我"不离不弃。

19 成为自己，需要容纳失望，容纳自己对自己的失望，容纳别人对自己的失望。最后，容纳自己是一个普通人，并没有那么光辉璀璨、与众不同。

20 浪费时间可以让我们的心灵得到放松，疗愈曾经被任务包围到窒息的自己。人们需要一个无用的空间。

21 如果一个人能够给自己安全感，不活在别人的眼光里，那么他就可以克服恐惧，去慢慢找到自己爱的人。

22 出于恐惧的动机而选择或者维持的婚姻，只能解决你的恐惧，无法让你的内心获得幸福。

23 无论是进入了婚姻，还是过单身生活，一个人自我的强大才是幸福的前提。

24 无论有多少高光时刻，你都会归于虚无，并不会特别到永垂不朽。

25 对很多人而言，这辈子的功课就是学习做一个普通人。如何去认同自己所在的那个普通的、不够完美的位置？如何摆脱父母投射在自己身上的那个"你一定很了不起"的人设？如何战胜"我如果不优异就会被抛弃"的恐惧？这些都是我们要完成的课题。